六书坊
Six Arts Library Series

姚学正 著

舌尖上的广东

U0249962

武汉大学出版社
WUHAN UNIVERSITY PRESS

图书在版编目（CIP）数据

舌尖上的广东/姚学正著．—武汉：武汉大学出版社，2015.7
六书坊
ISBN 978-7-307-16410-9

Ⅰ.舌⋯ Ⅱ.姚⋯ Ⅲ.饮食—文化—广东省 Ⅳ.TS971

中国版本图书馆 CIP 数据核字（2015）第 169421 号

责任编辑：郭　倩　　责任校对：汪欣怡　　版式设计：韩闻锦

出版发行：**武汉大学出版社**　（430072　武昌　珞珈山）
　　　　　（电子邮件：cbs22@whu.edu.cn　网址：www.wdp.com.cn）
印刷：武汉中科兴业印务有限公司
开本：880×1230　1/32　印张：6.75　字数：121 千字
版次：2015 年 7 月第 1 版　　2015 年 7 月第 1 次印刷
ISBN 978-7-307-16410-9　　　　定价：18.00 元

编委会

主编　张福臣

编委　（以姓氏笔画为序）

文祥　艾杰　刘晓航　张璇

张福臣　周劫　郭静　夏敏玲

萧继石　落子

序

　　近年来，国内舌尖一词盛行，把舌尖作为品味的符号，这是中国食文化使然。俗话说，日本人用眼吃饭，法国人用鼻吃饭，中国人用舌头吃饭，这三种不同的吃法，反映了"吃文化"的差异。日本人用眼吃饭是特指日本人特别重视视觉器官的感受，对事物的第一要求是精致，要精致到极致。一件寿司，一块三文鱼刺身都有一个独立的装饰，在眼花缭乱当中，日本人饱了，醉了，醉入眼球，饱在视觉，所以，日本人崇尚动漫文化，动漫产业远胜于餐饮产业，日本料理的美观装饰远胜于味道口味。法国人的嗅觉非常灵敏，可以准确地嗅出数十种鲜花的香型，从而使法国的香水业浸润在国民闻香的嗅觉文化中。法国大餐的吸引，首先是厨子携食物登堂入室时发出的芳香，人们尽情地吸吮，醉入芬芳。中国人用舌头吃饭，应该是最会吃的民族，舌头是味觉器官，"三滋六味"靠舌头去感受，光看，怎么能看出盆菜不同层次的美食类别？光闻，又怎么能领略臭豆腐闻起来很臭，但吃起来很香的中国"国吃"的境界呢?

《舌尖上的广东》就是要写出与"京味"、"川味"、"湘味"不同的粤菜的特色,要饱蘸生活滋味,极具广东风味,写出广东的人文情怀和饮食文化韵味。由于在粤菜的囊括下,有广府、潮州、客家三个菜系,所以本书力求把广东美食精华的"广式"(广东的流派)特点,特别是把"广式"(广府菜自成的流派)风味的"亮点"勾勒出来。当然,我们讲舌尖上的广东,就是要写出广东的美食及其美味。味道味道,有味应有道,道是可以道明,而口感则不可言传。

"广味"最大的特点就是追求鲜、新,讲求口感的丰富性。吃"迎着第一道霞光打着露水的蔬菜"、"即宰即烹",是广东人对鲜新的基本要求,在形容口感的词汇中,除了常用的酥脆、松软、爽口、嫩滑、弹牙外,广东人还创造了"沙"、"粉"、"糯"、"润"、"泽"、"丰腴"等赞誉口感奇特的用词,广东的贬义口感词如"柴"、"木"、"碜"、"枯"等则生动传神地表达了食品的劣质状态。质感美就是滋,感受美就是韵。"食在广州"即指广东人最懂品尝菜肴的滋味,又能在体验中感受菜肴的韵味。吃不出滋味和韵味,对粤菜来说是"吃了也白吃"。

但愿本书勾勒式的描画能使读者领略到广东的美食一直坚挺地扎根在岭南人的生活方式当中,寄寓在地域文化的沃土之上,它是独特的,又是精妙和无与伦比的。

目 录
CONTENTS

第一章 广府饮食文化是粤菜的代表

第一章　广府饮食文化是粤菜的代表

　　饮食文化是一种特殊的社会现象。所谓特殊，是因地区、民族的差异产生不同的饮食风味、文化风格、爱好禁忌。它是关于饮食的生产与消费的科学，是人类在饮食方面的创造行为及其成果的综合体。广府饮食文化，包括广府饮食观念、民情风俗、物产原料、烹调技术、饮食器具、饮食礼仪、食疗养生、人物轶闻、文献典籍、历史掌故等诸方面。

广府民系的饮食习俗

广府民系是指使用粤方言为语言特征，分布在珠江三角洲及周边粤西、粤北地区的民系。广府饮食文化具有自身原生型的越族地域特色。汉族文化的融合使广府饮食文化发展为多重复合的文化结构，近代中西文化交融使广府饮食文化发生变异。

广府饮食种类丰富，饮食风格奇特，崇尚潮流，依时而变，具有丰富性、广泛性和奇特性，广府人爱吃、能吃、会吃、敢吃、不忌嘴，几乎无所不吃。花草蛇虫，皆为珍料；飞禽走兽，可成佳肴，形成了吃野成风和生食鲜活海（河）鲜的习俗。在食法上，习惯于即宰、即烹即食，不时不食。广府地区是中国饮食文化最活跃的地区，在广府的食习中，不仅具有热带情韵，还有浓郁的商贾饮食文化色彩。

广府菜系选料广博，用料精细，刀工精致，配料讲究，制作精巧，花色繁多，美观新颖，一丝不苟。集顺德、南海、东莞、番禺、中山等地方特色风味，兼京苏、扬杭等外村菜及西菜之所长，融为一体又自成一格。在烹饪技巧上形成了以蒸、煎、炒、爆、炖、烧、烩、油泡、焖、炸、煮、煲、腌、卤、腊为主的风格。其中烤、焗、煀、浸、焯为广府菜特有的技法。而烤法则是广府菜最擅长的烹技，如广式烤乳猪、广式烧腊等。

在饮食结构上，广府人每天必吃新鲜蔬菜，人均一斤左右，而且爱吃禽畜野味，淡水鱼和生猛海鲜，在食用量上也都位居全国前列。广府饮食的一大特点就是颇具田园风味。许多家常菜的制作取材于农产品，因利乘便，妙趣天然。广府地区不论寒暑，每天都有甘脆的蔬菜作佐料，许多名菜都由蔬菜作配而成。如菜远牛肉、八宝冬瓜盅等。广府也擅长按时令以水果、香花入菜，如子萝牛肉中的子姜、菠萝，风栗焖鸭中的风栗，椰子炖鸡中的椰子，酸梅鹅中的梅子等。

广府菜是清新食味的代表，追求清鲜嫩脆，讲究镬气，菜肴有香、酥、脆、肥、浓之别，五滋六味俱全。口味以爽口、开胃、利齿、畅神为佳。中国菜系千百个菜，千百种味都是以清鲜和浓香这两个基调调出来的，而广府菜则是清鲜的代表。所谓鲜，是指广府菜烹饪法多清蒸、白灼、清炒、堂灼，清鲜菜式所用的调味料也大多是单一的清酱料，如酱油、蚝油、茄汁、姜葱汁、蒜蓉、芫茜等。广府菜的口味概括来说就是清而不淡，鲜而不俗，嫩而不生，油而不腻，唯鲜求美，特别追求清新本源的鲜美之味。冬春讲浓郁，夏秋讲淡口，喜淡远咸，喜清弃浓，喜鲜弃陈。广府菜也讲究爽嫩滑的口感，爽就是要清爽，爽脆、爽甜、爽滑而有弹性；嫩讲究的是质感的细腻、细嫩，要焓而不柴，软而不糯；滑就是要柔滑、爽滑这种不粗糙、不扎口的口感。

广府饮食最具特色的形象，不仅表现在地域形象和菜品特色中，广府人的食风食相，更表现了广府人深层次的精神追求，体现出广府饮食文化的独特魅力。

讲一个地区的饮食文化，不能只讲地域风味，更要讲精神风尚和生活方式。从这个意义上来说，近代以来广府饮食文化一直处在时代潮流的前列，开一代风气之先。餐饮业在全国许多城市里只是商业狂潮裹挟下的一个业种、一种营生。但它在广府代表的却是一种生活方式。在广府地区，餐饮业长期实行五市经营模式（早茶、午饭、下午茶、晚饭、夜宵）。把早茶、下午茶和夜宵各当做"一市"来经营，这种做法在全国的酒楼里都是绝无仅有的。广府率先倡导的"打包"之风，代表的是一种简朴实惠的市民精神。特别是广府的早茶，它彰显出城市生活方式，领衔了大众饮食潮流和原生态的文化形象，开辟了人际交流和信息沟通的广阔平台，是一个繁衍现代商业气息的独特场所。

广州民系的饮食风俗有着鲜明的地域和历史印记。

广州背靠五岭、面临南海，地处珠三角，该地域气候温暖，是富庶的食料生产基地。山珍海味无所不有，蔬果时鲜四季不同，稀奇而丰富的生物品种为广州提供了丰沛的食材作为饮食的原料。

广州开城于公元前2世纪，春秋末年，三室分晋，汉阳姬族不胜楚人压迫，大举南迁，南宋末年，皇室南逃，也曾在沿海一带驻足，特别是明清以后，一批又一批的中原人落籍广府，加上清朝时各封疆大吏都配有专门的厨子，这就使岭南和岭北的饮食风俗得到很好的交流。广府菜吸收了鲁菜、淮扬菜和徽菜的特色，如京都骨、炸溜钳鱼，乃是吸取京菜口味而创制，铁板牛肉、鱼香鸡球则借鉴了川菜口味，五柳鱼、东坡肉则是浙菜口味，而闻名广府的太爷鸡则是徽菜口味。

广州是中国最古老的与国外通商的海港，商贸发达、财力雄厚、居民富足。广府地区饮食观念开放，易于接受八面来风，集各种美食为己有。广府白切鸡带血的骨髓与美、法带血的牛扒异曲同工。历代都有不少外国人定居广府，他们不仅带来南洋的蔬果种苗和稻米的种子，也带来了西餐的烹技和风味。有人把广府文化表述为"开放兼容、务实重商、求新善变。在思维模式上不拘一格，不定一尊，不守一隅；在人际关系上不卑不亢，不论出身、不分贵贱，在创业道路上不崇名家，不迷精英，不尚空谈"。广府饮食文化的特点，生动地体现了这种文化精神。广府人心态沉实，不温不火，表现在饮食上即为不奢侈、不盲从、不喧闹（不闹酒）的一种随和的哲学思想。广府一年四季炎热的气候环境对民众心理和性格产生了强烈的冲击，民众希望在舒适的环境中过"辛苦揾来自在叹"的生活，少食多餐，注重"汤"、"粥"，及时进补。广州茶楼作为最早的悠闲场所，自19世纪中叶创立以后，一直是市井"叹世界"的地方，民国以来渐成广府一绝。现今在珠三角地区，"星期美点"蜚声中外，老火靓汤亲情浓烈，各类粥品成广府名吃，原盅炖品遍布街头，"博到尽、食到够"的重饮食、重口味的文化风俗，已成为广府人精明务实，把握现时，适度享受的人生价值取向。

广府味道之"鲜"是味的灵魂

在粤菜的五滋六味中，"五滋"指甘、酥、软、肥、浓，"六味"指甜、酸、辣、苦、咸、鲜。五滋是讲菜点的质地，通过加热，可以显出的物理性味道，它们需通过口感去鉴别。而六味，是通过舌尖去感受的味道。对甜、酸、苦、辣、咸，我们朗朗上口，三岁儿童都可以对此五味作出判断，大多小孩喜甜忌苦，怕辣恐酸。如此，小孩们由于不懂品鲜，他们能品尝到食味的范围就很窄。可惜，在今天的餐饮市场上，面对众多美味佳肴，能懂品鲜的食客也并不多见。广府市民们比较常用"新鲜"这个词。蔬菜是迎着第一道霞光进城的，他们会说："呵，好新鲜。"禽鸟是即宰即烹的，他们也感慨："呵，真的好新鲜。"但新鲜只是鲜的一种表现，并不是鲜的内在的"质"，鲜是一种味，但它又具有和味的功能，它可以调正腥、膻、臊等异味（也可称为歪味）。所以，"鲜"可称得上为正味。"鲜"由于可口，具有令人享受的口感，所以它能生津，可诱发食欲。因此，"鲜"也是一种美味，"鲜"更是味道的最好载体。它能帮助出味、和味、入味、矫味，是名副其实的正味，真真正正具有改善口感的滋味。

广府菜的味道，就在于它清而不淡，鲜而不俗，嫩而不生，油而不腻，有滋有味。广府菜味道的最大特点就是惟鲜美，求清新的鲜为先。广府菜把鲜味作为味道的灵魂，把调鲜作为调味的最高境界，把尝鲜作为品味的最高享受，追求自然本源的鲜味之美，这就是广府菜的精妙之处。

广府人挂在嘴边的"新鲜"，是指食材的一种状态，而广式的鲜味，它是一种很完美的食味。鲜也不一定指鲜活，如金华火腿，是用大泥缸腌的。腌一天，晒两天，藏一个星期才开缸，原材料是五六斤的猪大腿，用作腌制的泥缸用粗茶叶铺满作盖（金华火腿又称茶腿），猪大腿经过太阳和地气的造化，加上独特的腌制技术，就变成了金灿灿的火腿。如果你能吃上刚从缸里取出的包扎好的火腿，那就叫新鲜，这里的新鲜，就不是鲜活的含义，而是没有走味，保证是出缸时原味的正味。这是行内人士对食品新鲜的独家解释。这里的新鲜，当然也包含了广府人追求鲜味的内涵。为什么广东人也喜爱金华火腿，就因为金华火腿有广府人崇尚的鲜新，也有广府人喜好的爽脆、弹牙，这不就是广府味么，我们为何不爱？

广府味道之"清"是纯正之本

先秦诸子多有谈饮食之文，一律是反对厚味。老子说："五味实口，使口爽伤。"《论语》载："肉虽多，不使胜食气……不为酒困。"《吕氏春秋》总结之为四个字——"原味害性"，广府菜最鲜明的特色是淡味，广东人称为之清淡，按先辈们的讲法，那就是"薄味"，但这个薄味，是相对于原味来说的，我们谈论广府菜清淡之美，正是在于其淡而不薄。这个薄，是指单薄，是讲味需要舍弃的，被称为中华厨祖的伊尹在谈到至味的标准时精辟地指出，真正的好味，必须是熟而不烂，甘而不浓，酸而不酷，咸而不减，辛而不烈，淡而不薄，肥而不腻。这种状态，今天的厨房大师也没有几个能做到。

为什么越清淡，味道就越纯正？美，其实源于饮食之味，它不在外观形态，而在于味道。本味者真，自然为美，淡味出真，鲜味为淡。所以粤菜之清淡，是粤味中最重要迷人的部分。

广府菜的吃法，最能体现清淡的地域特点。吃蟹，广式烹法最流行的是清蒸，而且提倡单味，这种单一的"蟹宴"将清淡进行到底，使蟹之鲜味不能为它物所夺，酒楼只供应姜醋不卖他味，客人不饱，可来一碟豉油皇炒面，可惜今日的酒楼食肆对粤味之清淡不予保护，一顿下来，五味杂陈，菜肴丰富，但饱食不知其味。

传统广式菜的鱼云羹，是清淡的代表，鲜鱼生宰起肉，剁烂成蓉，下到滚起的粥水中，稍经搅拌，再下葱花、芹菜粒，便成了清淡可人、鲜味十足的汤羹。清淡不是乏味，鱼云羹鱼肉的鲜香、粥水的米香和葱芹的清香混搭对舌尖没有刺激，但口感极其舒服，一碗落肚，肠胃也极其舒服。

广府菜的清淡的口味在粤西菜式中表现得淋漓尽致。粤西菜其实有两支，一为肇庆封开，自秦开掘灵渠，封开已是两广首府，早期中原文化由此而入，顺西江而下，故肇庆菜与广府菜一水同源，一脉相承。而台山、阳江、电白、湛江一带沿海则是靠海吃海，选取本地渔港新鲜海产，自养禽畜，用"白灼"的形式食用或用瓦煲煲熟即食，制作简朴无华，突出原味，极为清淡，最有名的要数电白的什鱼煲（又叫煲鱼汁）和白灼猪什。什鱼煲是选取新鲜小什海鱼，用清水下盐、姜片、蒜子直接煲熟，纯粹品尝鱼的鲜味，而白灼猪什则是洁白爽嫩，原汁原味，蘸上特香的花生香油，风味十分独特。粤西地区的白灼名菜还有白灼鸡什，以姜茸、蒜茸为佐料，这种保持食材原味的烹调法，不仅清淡，而且因其新鲜和凸显本原，显得特别芳香。

广府菜中的名菜——白云猪手——是清淡美食的典范。各类红烧肉、扣肉都标榜为肥而不腻，但我觉得作为红肉，经过熟技能做到不腻的，只有白云猪手才真正当之无愧。肥肉因其甘香使人不觉其腻，但一旦半斤下肚，仍然会坏了胃口，所以大吃、狂吃不爽。白云猪手却可以让一人一次咀嚼一斤都没有问题。白云猪手是粤菜的传统名菜，相传广州白云山上有一寺院，寺院后有一清泉，名为九龙泉，寺庙有个小和尚有一天弄来一只猪手想开荤，在山门外，小和尚用坛子将猪手煮至刚熟，不料长老突然回寺，小和尚一惊，慌忙中把猪手扔进九龙泉旁的溪水塘。数日后，师傅再次外出，小和尚捡回猪手，发现猪手没有变坏，便加盐、糖、醋食用，想不到那猪手皮脆肉爽，不肥不腻，甜酸可口。后来，此法在当地传开，因它源自白云山便称之为白云猪手。白云猪手最大的食味是清淡，它的甜酸均属正味，纯正的甜、纯正的酸，一口咬下，爽脆无比，干爽、干净。造就这种清淡的关键是九龙泉的泉水，九龙泉水质属矿泉，长涌不息，泉味极甘，烹之有金石味，一经泉水浸泡，热胀冷缩，猪手皮肉收紧，显得爽脆。由于九龙泉周边环境保护得好，九龙泉边青松碧轩，环境清幽，泉水清冽，用泉水做菜，除白云猪手外，白云豆腐、过桥白云山泉青斑都是粤菜中口味清淡的名菜。

近年来，广府人对清淡口味的追求越来越浓烈，而且与时俱进。像吃蔬菜，不再囿于往日的"小炒"，而是生捞和汤浸，今日所用的汤水，都为优质矿泉水。像依云泉水一登台，就自成系列，什么依云泉水浸蔬菜，依云上汤菜苗，优质水成为清淡的噱头。

原味与薄味，浓重于清淡，谁更接近于食材的正味呢？舌头如果是味觉器官，那么，它必须保持完好的状态，才能发挥其功能。广府人不嗜烈酒，不好劲辣，所以能使舌尖保持高度的敏感，成为品尝美味的最佳器官，正因如此，广府人对鲜新的评鉴是最具权威的，对清淡的要求是最为苛刻的，广府人的口舌，是名副其实的品味武器。

　　人们常说，有传统无正宗。其实，传统就是正宗，一旦传统成为习俗，一旦传统成为惯性，它就能表现出事物的本质，本质即为正宗。广府菜的清淡特性，使它更接近于食材的本源，所以它是纯正的，复杂的烹调，汁酱的添加也会出好味，也会受人欢迎，但它是否纯正，那就见仁见智了。

广府味道之"原味"在万味之上

从古到今，粤人酷爱清淡，以致炖肉汤、鸡汤均不放盐。许多酒家就尝试不放盐，然后随汤送一小瓶食盐，由顾客按口味自由调节，后来此举遭到非议。顾客说，厨师不调味，一味随意，那要厨师做什么？厨师的烹技，主要在调功，调不到位也就是技不精湛。当然在无味中通过调整食法，就可以变成有味，变得好味。四川人吃豆花，先是吃完用极浓烈的辣椒佐料浇的豆花，随后必喝被称为窖水的豆花水，这窖水也是无味之味，吃了豆花，再喝也就有味了。广东人吃白粥，什么"味"也不放，也不要咸菜、腐乳之类的佐料，结果反而吃出了"粥"味。这粥味是什么味？那就要看你选什么米，如我们过去爱吃泰国香米，因早期的泰国香米水分含量适中，淀粉较多，黏性特别好，这种大米无杂质，无裂纹，没有发过热，没有上过光，更没有使用过人工色素，是保持"本原"的大米。如果泰国香米还是新米，那它的透明度更好，富有韧性，没有异香、异味，而是清香扑鼻。而且因黏稠度适中，特别香滑可口，这就是原味之味。

水可以成就一种美肴，非汤羹的菜肴，又最能展现原汁原味的，非广东的白切鸡莫属。但白切鸡的鸡味，全靠无味的水造就：先用沸开水煮鸡 15 分钟，再放入冷鸡汤中浸 30 分钟上碟。鸡中蛋白质因沸水冲击而凝结变型，而鸡肉因冷水泡浸水分不易渗出，而变得柔韧富于弹性，因火候掌握得当使鸡的鸡味完好保全。这种"水浸鸡"没有加味就切块上盘，所以称之为白切。用无味之水，浸泡出奇色奇味，实在是奇趣无比，人们说，盐是万味之源，对广府人来说水是万味之本。

　　广府菜中的原味之味是各菜系中最突出的。湛江菜中的白灼海鲜和白灼禽畜系列，许多人都不喜欢蘸酱汁，而是灼熟就吃，享受原汁原味。其实，不加味，看似无味，但因为食材都有固有味道，所以这种无味之味就取决于食材的本味，我们吃灵芝鸡、参皇鸡、葵花鸡，虽然不用任何调料，就算是吃不调味的鸡，我们都可以品尝到浓浓的灵芝味、人参味或葵花籽味。这不仅是由食材的类别所决定，而且是在后天的喂养过程中造就的。广府人有福，就在于他们率先改变生态，改变食材生长的环境和成长的食物、水质，从而改变食材的味道，对植物来说，无机不及有机那么营养、卫生，但一般来说，无机比有机蔬果的味道会更好。

广府菜之小炒是烹技一绝

　　粤菜中的小炒，是粤菜技法中知名度最高的烹调法。由这种技法而产生的味道，就是广东人评价菜肴时津津乐道的镬气。广东人常埋怨酒楼，特别高档酒楼的镬气不够，那他们是用什么标准来评价镬气的呢？美食评论家李秀松先生曾精辟地把镬气概括为气势、气味、气息与气质的综合。所谓气势，就是热气腾腾、烟气弥漫，让人双眼发亮；而气味，则是异香扑鼻、经久不散，令人垂涎欲滴；气色乃是指脆爽嫩滑、秀色可餐，催人跃跃欲试。为了真正炒出镬气，厨师们必须在以下三个方面做足工夫。首先是刀工要得，要把食材切得整齐划一，厚薄一致，纹理畅顺。其次是用猛火急攻，以镬代勺，厨师们大面积抛镬，就是为了翻掀菜料，使之快速同熟。再次是勾芡要精，今时小炒，大多落芡后反而造成泻水，吃时菜汁满盘，吃完菜后汁浸碟底，小炒的香气荡然无存。够镬气的一个重要的标准，就要看打芡后食材是否把芡汁吸纳，真正入味的菜肴打芡不见汁，芡汁薄薄地胶着在菜肴上，这是厨师小炒的硬功。顺德的菜远炒水蛇片，其精妙之处在于水蛇起片，只用 8 次刀起刀落（每侧 4 刀），然后旺火急攻，即可摆碟上台，前后不过 3 分钟左右，此时，鲜嫩的水蛇肉还在律动，令北方食客惊叹不已。我们说烹技出食味不是指酱汁调味，也不是指食材原味，而是特指技法本身，没有小炒的技法，就断不会产生镬气，镬气这种广府菜特殊的美味，只能在粤式烹饪法中创造。

广府菜之"蒸"是中国烹技之首创

清蒸河鲜是广州传统名菜，换句话说清蒸河鲜是广府菜中的经典，但有多少人知道，清蒸河鲜的"大师傅"，竟是来自顺德的自梳女（俗称姑婆）。18 世纪中叶以后，顺德的自梳女多与金兰姐妹租赁或合置物业同居。姑婆们凭着以往的经验和一双巧手，创造出不少可口美味的菜肴美点。成为创制凤城美食的主力军，并给广府菜以深刻的影响。到处是桑基鱼塘的顺德，姑婆们吃鱼最为方便，先淘米下水煮饭，然后到鱼塘网鱼，摘一块鲜荷叶，再回到"姑婆屋"，把荷叶与鱼弄净，同时锅里的米开始成饭，将荷叶包鱼放在上面，盖上锅盖，待饭焗透，鱼也蒸熟。拿出来，舍弃荷叶把鱼置于碟上，加上生抽，熟油便烹成了荷香鱼。这种做法就本质而言，同今天广州的清蒸、海（河）鲜是一样的，顺德姑婆是今天广府菜的师奶和酒楼烹鱼师傅的"师傅"。

广东人经常讲"失魂鱼"，是指在市场上买到的哪怕是活鱼，经过长途运送，活鱼也成了"失魂鱼"，失了魂的鱼没有几天静养"回魂"，味不鲜、肉不甜，顺德姑婆们制作"荷香鱼"是用鲜嫩荷叶卷包住未失魂的活鱼，放在饭上蒸熟，由于分秒必争，鱼未失魂，因而鱼肉鲜嫩，润滑甘香。今天，广州的清蒸海（河）鲜，就是不断吸取顺德姑婆的经验，使清蒸鱼这一技法渐趋于完美，如蒸鱼必先弄热蒸器，假如是瓷碟，还要放上葱段，让瓷器中有空隙，蒸气可从中间渗入。鱼脊骨还有少许未熟的鱼肉特别嫩滑，这是顺德姑婆的标准，也是近水吃水的广州人对鱼鲜烹饪的基本要求。蒸的基本器具是甑，甑的发明有五千年历史。在中国南方的新石器时代，出现了上面的甑和下面的釜连为一体的器具，考古学上称为甗，它下面盛水中间有一算子，水烧好后，通过蒸气把上面的食物蒸熟。这一器具证明我们运用蒸气的历史比西方发明蒸汽机车要早得多，这种方法在广府饮食中已使用了千年以上。西方饮食文化中最突出的食物是面包，面包是烤出来的；中国饮食文化中最突出的食物是馒头，馒头是蒸出来的。在广府地区，把用甑蒸食率先做出了改良，不用铜，不用陶，用竹子来做，并发明了蒸笼。用蒸笼蒸食，至今仍然是广府饮食中一项具有浓郁地方风味的烹饪技法。

广府面点，成长为驰名的广式点心

广府的面点，虽叫面点，但早期的原料大多为大米，今天的广式面点含义是广府地区用米面原料制作的点心小吃。什么伦教糕、萝卜糕、米糕、年糕、炸油角、炸糖环就是广式面点早期的杰作。如果说广式面点诞生时间早，那是"马尾穿豆腐——提不起来"。苏式面点早在我国春秋时代已颇负盛名，到唐代时，苏州点心更闻名远近，所以，说到广式面点，如要赞誉，恐怕还是只能从味道入手，苏式面点发酵面最佳，《随园食单》说是"手捺之不盈半寸，放松隆然而高"，所以苏式面点中最负盛名的是糕团，苏式糕团软松糯韧，香甜肥润。总之，苏式糕团总体味型属于甜糯。广式面点传统使用油、糖、蛋，无论是油角、煎堆的皮还是马拉糕、鸡仔饼，都少不了放油、糖、蛋。即使制作的是咸点，油、蛋也少不了，所以广式面点的味型属清淡鲜爽，营养价值也高。

广州传统的竹升面，吃来柔韧弹牙，这种广州面点之面食，著称为广府第一面。竹升面的传承遇到的难题是竹升压面的技术要求，至今也不为新手知晓，其中擀面的时间标准，成面的厚薄标准，好像都是秘籍。在西关的老师傅擀面都是不避外人的，在小店的角落里公开操作，只要你留意，就可看到老师傅把面团铺在长桌子上，先用擀面杖把面团擀成两三厘米厚的面，再用竹竿压成只有毫米之薄，时间要长达 1.5～2 小时，在整个过程中，面不仅得到醒制，而且筋道达到了更高的层次，把面皮用刀切成面条即可下锅煮。竹升面的美味，首先源自精面的粉香，也来自鸭蛋的甘香，但如果没有竹升的擀面，面食就因缺少筋道只显绵滑而不弹牙，竹升擀面对广府面食的贡献不可低估。广府著名点心虾饺，也是以澄面弹牙为优质，当然，虾饺皮要薄，要用开水搓，馅料最好在冰箱放一晚，这些操作使点心皮显得有弹性，而弹性的口感使我们味蕾的感受更完美。

除了虾饺之外，广式点心中用澄面作皮的还有很多，如粉果，传统称娥姐粉果。娥姐粉果是极少见的以人名命名的点心，传说清末西关有一大户人家，家有一女佣叫亚娥，她制作的粉果风味独特，深受主人和客人的赞赏，后来娥姐被广州"茶香室"的老板聘请主制粉果，使粉果风行一时，名闻各酒楼、茶室。粉果的馅料包括猪肉、冬菇、笋丝、生虾肉、叉烧肉，形状与虾饺不同，粉果要包得严实，形如榄核，捏口外不能留指痕，摇动有声响。今天，我们品尝着这款仍大受欢迎的娥姐粉果时，深感它的风味与我们儿时吃的粉果味道不同，原因在哪里呢？就在那澄面皮上。传统的粉果皮，原来是饭粉来制作的，尽管澄面皮已有筋道，但用饭粉作皮比澄面的软韧度还要好，我曾听说过在磨肠粉的米浆时，如果加些冷饭，效果会很好，皮会韧，不易散，不易碎。饭粉的制作就是把优质的黏米先煮熟成硬米饭，曝晒干后用石臼椿成熟饭粉，此粉含水量高，韧度高，软滑可口，是米粉的珍品，不知这毫无技术难度的饭粉制作法为什么会被今人抛弃，但愿通过在此一"点"，能把饭粉制作传统发扬光大。

广府菜中的杂食风味

明末清初的屈大均曾说："天下所有之食货，粤东几尽有之；粤东所有之食货，天下未必尽有也。"西汉《淮南子·精神训》有"越人得蛇以为上肴"的记载，南宋周去非《岭外代答》更说："深广及溪峒人，不问鸟兽蛇虫，无不食之，其间异味，有好有丑……"至于遇蛇必捕，不问长短，遇鼠必执，不问大小。蝙蝠之可恶，蛤蚧之可畏，蝗虫之微生，悉取而燎食之。蜂房之毒，麻虫之秽，悉炒而食之。蝗虫之卵，天虾之翼，悉鲊而食之。在多年的杂食传统中，广府人最擅长的是烹狗肉、炙蜂蛹、烧龙虱、烧田鼠、炖乐虫、焗禾雀。

这两年来，我考察了中山、南海、顺德、番禺、东莞等多个农贸市场，对广府的杂食有了一定认识。

这里先说吃禾虫，禾虫学名叫"疣吻沙蚕"，是一种栖息于稻田泥沙中的软体动物。广东中山地处珠海南部，西北江下游出海处，很大一部分是沙田地区即禾虫产地。农历三四月间，禾虫（又称三月荔枝虫）开始上市。

到八月初一、十五，禾虫第二次上市。禾虫是随涨潮退潮的时间而在稻田大批涌出来的。沙田区的稻田远无边际，民众在退潮的地方用一个很大的竹筐编成漏斗形，堵住排潮涌口，让潮水、禾虫均从漏斗形竹笼通过，竹笼的出口处有一个用麻编织成的大袋，扎住袋口，把水排出，剩下禾虫。到了一段时间，数量多了，就排在小艇上的船舱里，或者用大木桶盛装，少的有几十斤。上岸时用竹盖一筛筛地搬到市场上出售。禾虫的制作成品有禾虫涌、禾虫干、禾虫咸、禾虫浆，最著名的菜肴是炖禾虫。先将禾虫洗净，用竹笋捞起滤干水分，放进装有花生油的瓦钵中，让禾虫先喝饱油。待钵中的禾虫已被油灌得爆了浆，此时可打上几个鸡蛋进钵中，然后把蒜蓉、姜蓉、胡椒粉、陈皮丝、肥肉粒、榄角碎和粉丝段加进去搅拌混合，然后放进锅中炖好后把瓦钵架到风炉上，用炭烘起瓦钵，把禾虫体内的水分慢慢烘干，使禾虫吃起来鲜美甘腴，芳香扑鼻。

广府人吃虫的"创意"，还体现在吃昆虫上。

昆虫可以作中药已无疑议，昆虫可作桌上珍。这也不是"什么都敢吃"的广府人的专利，如徐州就有一道名菜叫油氽蝎子。蝎子大小如蜻蜓而无翅，长尾八足，金黄色，通体透明，肚子里呈黑色，看卖相怪怪的，吃起来却香香的。比起徐州沛县和丰县的蝎子，广州的蝎子汤、椒盐蝎子都不过是小巫见大巫。欧美国家吃厌了鸡鸭牛羊，早把昆虫当做佳肴，常有"虫餐"之举，仅墨西哥一地，就有昆虫馔肴六七十种之多。数年前在广州中山大道侨林大街的一家私房菜馆，我不仅吃到椒盐禾虫、椒盐竹虫、椒盐葛虫、椒盐土狗、椒盐竹象等众多的昆虫系列，而且还品尝到了师傅精心研制的"蜂蛹蒸水蛋"、"竹虫蒸水蛋"等蒸虫系列，把昆虫与蛋共蒸，不求香口，但求清淡，用蛋的香味与昆虫的甘味交汇，真可谓别出心裁，创意十足。

北宋一代文豪苏东坡曾因与当权者的政见不合被贬到海南儋县中和镇。海南在地理上与广东同被称为南蛮地，海南的饮食风俗，大多与广府雷同。话说苏东坡在惠州改良了东坡肉，成为南烹里手，这在典籍中多为人知，但苏东坡在海南儋县吃"蜜唧"则鲜为人知。海南的"蜜唧"是捕获怀了胎的母鼠，饲之以蜜，待其产下的乳鼠还没睁开眼，便放诸盆中，以箸夹之置菜叶上，卷与啖之，同嘴巴里的触觉接触，还发出"唧唧"之声，故名之为"蜜唧"，此风俗在广东极为盛行。记得儿时当我们有外伤淤肿，母亲都会拿出浸乳鼠酒给我们涂抹，家里都备有多瓶乳鼠酒。可见广府人对乳鼠情有独钟。著名美食家、特级校对陈梦因先生在《粤菜溯源录》中写道，东坡的《闻子由瘦》第三四句："旧闻蜜唧尝呕吐，稍近虾蟆缘习俗"，虽没说已吃过"蜜唧"，但参加当地的宴会，主人以"南蛮"美食，其中有"蜜唧"款待老师，如果东坡不是讲究饮食，连滤酒也是自己动手的馋嘴，必敬而远之。为了"缘习俗"的礼貌，东坡居士会以拼死吃河豚的勇气品尝"蜜唧"。据《朝野佥载》中记载，唐代大文豪韩愈被贬至潮州，也吃过"蜜唧"。

除了荤菜杂食，广府菜中也有属素的食材，如鲜花入馔、野菜精等。在广府最具特色的杂食菜蔬中，首数菊花，而种菊最多又作蔬食的地方，其盛则首推中山小榄。中国吃菊，有着悠久的历史，清朝的慈禧太后，甚爱吃菊花火锅，但广东中山小榄种菊之盛，可见于每60年一次的菊花会，逢上会期是人生不可多得的机缘，可谓是60甲子一回头。我们曾经考察过小榄的菊花会，这期间，小榄人要制菊花肉、菊花菜肴和菊花点心，把菊花作为高贵的配料做成一道道宴会上色香味均臻上乘的菊花名菜。如"菊花三蛇羹"、"腊肉蒸菊饼"、"油炸菊花条"、"菊花咕噜肉"等，由它们合成的宴席则称为"菊花宴"。其中"菊花炸鲮鱼球"已是名噪海内外、飘香东南亚的粤菜名菜。此菜最大的特色是用菊花拌炸鲮鱼肉入口，利用菊花的清香和药性，使鲮鱼球更鲜美，再以小榄特产蚬蚧汁佐食，使其味益加香甜独特。

广府值得一提的怪异菜蔬还有鲜莲子和凤眼果。传统广府菜肴用的莲子是干货，但用新鲜莲子入馔，则是新派广府菜一大发明，潮流盛吹"绿色"之风以来，广东水塘大养莲花。有莲花的地方就有莲子，剥莲蓬取莲子工序繁复，去硬皮后还要去软皮，最后，才剥莲心。鲜莲子具有干莲所没有的沁人清香，至于它的口感，《本草纲目》里说是"脆美"。以莲子入馔最常见的烹调方法是蒸、煮、煨、烩，也可用于扒、拔丝、蜜汁等菜式。莲子通常从每年大暑开始，到冬至为止陆续上市，大暑前后未收的叫"伏莲"，又称夏莲，特色是粒大、饱满、壳薄、肉厚，养分充足，涨性甚佳，入口软糯。广州的石井、番禺沙湾、广州南沙的一些塘边酒楼将新鲜莲子装于鸭肚炖食，莲子内含一种名叫莲子碱的元素，有平静性欲及镇静神经的作用，能舒缓紧张，使心脑安宁，难怪《大明本草》谓"莲子久食，令人欢喜"。

凤眼果俗称"贫婆"，又称"频婆"、"富贵子"。此树由印度传入，原植于寺院，后遍布五岭以南，属岭南佳果，初夏开花，七夕成熟。我们采访过广州东山新河浦二横路七号的文园，园中有一棵足有四层楼高的贫婆树，一至夏天，贫婆树结满红彤彤的凤眼果，红色的是外荚，包裹着咖啡色和黄色相间的果实，剥开果壳，才见黄色的果肉，外荚似鼠，装上黑豆作眼，成为20世纪50年代儿童的时兴玩具，可惜今天的大都市已难觅贫婆外壳，在大市场，才有少量贫婆肉出售。盛夏用凤眼果炆鸭更清香爽口。由于凤眼果要借味又难以入味，用其炆鸭可保原质鲜甜，在炆鸭时，除了用传统的老姜外，最好加绍酒，则味道更为鲜醇。

说起广府的杂食，不能不提到食鸡子、食雀脑和吃龙蚤。清末民初，广州著名食家江孔殷有道名菜叫"鸡子戈渣"，戈渣是以粟粉和鸡蛋为主要作料炸制而成的食品。流行于广东这里的鸡子，广府人都知道是用公鸡腌出来的两料产品，过去人口未及今日之鼎盛，每天杀鸡不多，鸡的数量也不多，今天在菜市场，鸡长年供应，要多少有多少，且持续热卖。广府人盲信以形补形，以为吃鸡可壮阳，因此男士对鸡的需求到了来之不拒甚至多多益善的程度，这使鸡竟然成为广东火锅料中之上品。吃雀脑也是粤人的传统风俗，大家坚信吃脑补脑，所以菜市场的猪脑一开市就被抢空，川芎炖猪脑竟然成为广府名菜，在粤式炖品店里一直长盛不衰。猪脑、牛脑论食味可以说是索然无味，而雀脑、鸽脑却有着一股味蕾喜爱的幽香，于是广府人一早就有吃雀脑、鸽脑的传统。禾花雀不准捕食了，但人工饲养的乳鸽脑货源充足。只吃脑不吃头未免太过奢侈，中山人吃乳鸽都习惯于先吃头，并且要一口入嘴，头脑共鸣，这种软硬融合的口感和鸽脑的甘甜，经常使食家摇头晃脑被讽之为"吃脑晃脑"。

广府人喜爱杂食，不是为了猎奇，而是为了在一些奇异的食材中感受珍稀的食味。这些奇杂的食材本身就是美食，充盈着自然的美味，并不需要"拼死吃河豚"的勇气。广府人敢于打破禁忌，用之、食之、充分体现了广府人吃说天下美食，开启风气之先的胆色。

龙虱，是一种水生鞘翅类昆虫，体扁平呈卵形，长六七分，前翅小，黑褐皮，雌者脚大而圆，后翅甚扁，常居水中，以小鱼为食。其风味独特，堪与金华火腿、源南糟鱼、杭州醉虾、天津螃蟹媲美，二十世纪八十年代后，它成为广府海鲜中的名贵产品，也成为筵席中的"小共"，风流一时，珠三角海鲜市场大多有龙虱出售。龙虱制作简易，先把龙虱放入热水中烫死，使之死前排泄尿液，然后放入镬中，加入清水、盐、花椒、八角，把龙虱浸熟，去背甲去首足食之。想到儿时母亲逼迫我们喝蟑螂水治夜尿症时的厌恶和恐惧。再看看今日吃龙虱时的欲望和陶醉，我不得不承认，我们终究长大了，成熟了。

外邦人大多谈蛇色变，吃蛇更是天方夜谭，至于水蛇春是啥，恐怕真是闻所未闻。水蛇春就是水蛇卵，在广府凡禽鸟皆曰"春"，鸡蛋也叫鸡春。顺德勒流有一款名菜就叫炒水蛇春，在珠海一带十分流行，曾一度成为大排档夜宵名肴，港澳客人吃夜宵，开口就点"炒水蛇春"。水蛇春与什么同炒最好？顺德人用笋粒、红萝卜粒、湿冬菇粒为配料，上撒炸过的腰果仁，吃起来有蛋黄的香滑，更有海鲜的鲜美，有诗赞炒水蛇春"一似金珠落玉盘"，"满盘青嫩满堂春"。

如果认为杂食是广府人吃材"广博"的代称，还算公允；如果认为"杂"，即"乱"、"脏"。那广府人就被冤枉了，很多奇异食材都是在古代就被先民发掘成食材，更多是作为养生补品被开发。像广府市井流行的椒盐蚕娥公的蚕娥公是传统的宫廷食品，经测定，蚕娥公含有多种微量元素和生理活性物质，《本草纲目》对它的壮阳补肾功能有详细论述，并指出，蚕娥公即是公蚕娥"蚕而茧、茧而蛹、蛹而蛾、蛾而卵"演变而来的。蚕娥是蚕的卵，是蚕蛹演化而成。蚕娥公是广东顺德龙江镇的名菜，其制作简单，先将未经交配的蚕娥公扯去翅膀，挤出肠脏，飞水，洗净晾干，用姜汁酒腌渍后滤干、拉油，在蚕娥公中加入椒盐、溅油调味后炒香上碟。龙江的椒盐蚕娥公色泽金黄，焦香甘齿，吃时要用手指捏住蚕娥公头部，吃其身而弃其头，这种弃头弃翅的吃法就是还其蚕虫本身面目。广府人虽然怪吃，但他们清醒地知道变异了的食材部位大多味寡，所以他们懂得挑着吃而且还要吃出趣味来。在吃得"挑剔"的同时，也吃得十分注意和警惕。

广府菜（粤菜）是一个在中国菜系中稳坐第三位的菜系，但对广府菜的研究，却远远落后于对京菜、鲁菜、淮扬菜、浙菜的研究，在全国享有知名度的烹饪大师和权威的饮食文化学者中也极少有广东籍人，学广府菜烹饪方法的人多，研究粤味特色的人少，自然我们也很少见到对广府菜品的"神圣"和"庄严"的研究，广味追求的"清境"是一种在节俭中求精味，在原味中得乐趣的生命哲学。广味尚真味讲洁美，求食益的美食之道在中国的饮食风气中一直处于先进地位，是达真、善、净心性的现代饮食文化之道。本文企图先通过广府饮食文化作一个轮廓式的描画，以便逐步把研究引向纵深。

第二章　独立于粤菜的独特菜系
——潮州菜

　　潮州菜在广义上属粤菜三个菜系中的一个，但由于粤菜在狭义上是指广府菜，所以异邦人讲潮州菜时并不把它归入粤菜的范围之中。其实，潮州菜发源于潮汕平原，属粤菜系，是粤菜三大流派之一，它又称潮汕菜，简称潮菜。

　　潮州民系，是本地土著与外来移民交汇融合而发展形成的，主要聚居于广东省东部潮汕地区的汕头。潮阳、澄海、南澳、潮州、饶平、揭阳、普宁、惠来九县市和汕尾市的陆丰、海丰两县以及惠东、揭西的小部分地区，通行潮州方言。为什么潮菜可以成为一个菜系而有别于粤菜呢？因为潮菜的渊源离闽菜更近而离广府菜更远。虽然现代社会的开放包容使潮菜带有很多粤菜色彩，但它更多的是闽菜的特色和闽潮的个性。从地理位置看，潮州地区与闽南两地平界相接，基本没有山川的阻挡，"风俗无漳、潮之分"。先秦时期，潮州地区的文化已经开始吸引中原文化，两汉东晋时期，潮汕地区的文化形成汉越文化的统一体。自秦汉统一岭南以来，中原的汉族移民就开始逐步迁入潮州地区，五代、宋元时期迁入潮汕的人达到高峰，他们大多是福建的闽南人。福建人的入潮，使潮汕地区更多地弥漫着福建的方言和文化。由于潮汕地区的文武官员绝大部分属福建籍，他们凭借较高的社会地位和文化素养对潮汕地区施加影响从而使潮汕民系带有浓重的闽地文化特色。潮菜的特色和独立性是不言而喻的，它的归属已不重要，就留待将来中国如果出版"中国菜系论"的时候再作学术探研吧。总之，上海世博会的潮州菜馆好像是没有粤菜两字，也没有广东两字。据说在江浙一带围绕着淮扬菜、苏派菜、海派菜、锡派菜的归属问题有过激烈的争论，大家心中都明白，在"你中有我，我中有你"的时代，各菜系都有自己的持守，看似包容，但都固守着自己的执著。潮汕菜和闽菜虽然基本上是同宗同祖，但是，潮汕菜的风格更接近于中原的正统，反之，广府菜自秦汉以后，虽有中原饮食文化的元素介入，但作为传统"南蛮"地区的风格十分明显。近代百年，又受洋风浸润，食风食俗复杂，文化内蕴多元，比起潮汕菜，更多的是走离经背道之路。

潮州菜究竟为何可成为中国菜的一个形象窗口，潮州菜烹技的独特之"特"在哪里，潮州菜的魅力之"魅"在何方？在这里，我试图从以下五个角度谈一点心得。

善烹海鲜翅为上

　　潮州海洋资源丰富，潮州先民自古就有喜食海鲜的习俗，鱼、虾、蟹、蚌蛤是潮菜的主要用料，可以烹制成许多名菜美食。在潮菜的海鲜烹调中，对鱼翅的制作非常有心得，浓鲜腻滑十分突出。据说始创者为广州人，做过两广总督，此人尤以精奢闻名宦海。他死后帮厨返回原籍汕头开菜馆，以烹制浓腻的鱼翅饮誉食坛，令人闻腻色变，但前人对翅的"烤"功讲究的就是浓腻，为此还要在"清汤生翅"中加些浙醋减轻腻的刺激。当年为了熬高汤当做芡汁，用的是鸡肉、排骨、火腿脚、猪肉皮、老鸽，甚至要用鲜鸡油或猪油，还要用中汤和上汤。或许潮汕人有功夫茶解腻，不然，翅芡的浓腻令人实在难以适应。今天，在广府地区流行的浓汤大碗翅不知是属于潮翅汤的返祖还是广府人认同潮法制翅的技法，但这已不重要了，在保护海洋生态的声浪中，鱼翅上酒桌，已成凤毛麟角，对于所谓的"无色无味的鱼翅必须有浓腻高汤伴随"的美食高论，我们的新一代既没有欲望去尝试，也没有机会去品尝了。

香料融合成"和味"

卤水鹅是潮菜知名度最高的冷食，上至酒楼食肆，下至排档、小贩，只要是卖熟食的位置，就有卤水鹅供应。卤水作料，北方称为"五香"，包括花椒、八角、丁香、草果等五种香料，广东则用八种，特别是加了陈皮。现在许多卤水的八角味非常浓郁，这种卤水是不成功的。五香或八味一定要同流合香，不能突出某一种香料的味道，待中和了的香料出味后，放入高汤、盐、冰糖、味素、黄酒和玫瑰露酒中煮 2 小时，熄火放凉大约 3 小时后再开大火滚卤水汁。卤水汁越陈越好，陈卤水汁不仅和味且又鲜又醇。醇是因陈而来，而鲜则是卤水卤过鹅肉后留下了肉味，从这个意义上说，卤水汁是越陈越鲜。伴随着卤水鹅在珠三角一带叫响，卤水鹅掌翼因其柔腻微韧鹅肾也因其清澈带爽，在广府地区成了时尚名肴，并且越卖越贵，20世纪末有一酒家，一只二斤多重的卤水狮子鹅头售价超千元。之后，争吃卤水鹅头之风日盛。无论是吃鹅肉（潮汕喜欢切薄片）或是吃鹅掌翼、鹅头、鹅肾，都有一碟佐料，主要是蒜蓉和白醋。卤水也属浓腻之物，用蒜蓉是以辛辣去醒胃，用白醋是以酸醋去解腻，有了这两样佐料，卤水鹅及其他部位在广东酒楼的卤水拼盘中总是最受欢迎、最早被消灭的冷盘。

潮州师傅有两个宝盘，一是卤水盘，一是鱼卤盘。

鱼卤就是用来烹鱼的汁，与卤水的作用并不一样，但它也和卤水一样，以陈为佳。潮汕人对用卤水和鱼卤卤出来的菜肴极其敏感，一旦他们摇头，即厨师的技艺被否定。所以潮汕厨师都极其关注自己专用的两个卤盘，关注卤汁的浓稀热冷。卤盘是旁人不可触碰的，因为它们是产生潮州卤水的和味之本。

咸菜受宠成贡品

广州的许多老板对潮汕的咸菜，特别像大芥菜、萝卜条、橄榄菜爱不释手，本来是作为潮州粥的佐料的咸菜，被当做下酒的佳品，许多食客饭后还要"打包"，整瓶整罐（小瓦罐装）地买回家作美味小食。潮州人不仅早上吃粥，中午也吃粥，逢宴会也必有粥品当主食。所以，以咸菜佐料使咸菜在潮汕地区有刚需，这就自然地促进了咸菜制作的精良。潮汕人与广府人一样，主要分布在平原上，以稻米为主食，但烹调习俗不一样，广府人以食干饭为主，以稀饭为辅，而潮汕人则相反，以稀饭为主食，有些地区还混以番薯，若无稀饭，便感欠缺，白粥也上筵席。当年，潮州咸菜一度成为进贡给皇帝的贡品，称为贡菜，贡菜原来用芥菜心造，即便变了咸菜仍可闻到芥菜的清香。咸菜始于劳苦大众日出而作时午餐佐粥的菜品，后来登上达官贵人的饭桌直至成为贡品。今天，它又回归到广大百姓中，即使咸菜生产已成产业，仍是供不应求，海外华人、港澳潮人一到汕头，便嚷着要吃咸菜，其企盼之情，令人动容。

火锅之宝数牛丸

在珠江三角洲，凡出售冷冻制品牛肉丸都必定在牛肉丸前边冠以"潮州"二字，潮州牛丸在广东是极具影响力的品牌。在火锅季节，正宗的潮汕牛丸每斤售价即便超过50元，也是一丸难求，日常的家庭烹饪对潮汕牛丸的需求量也很大，每个肉菜市场必有专档售卖潮汕牛肉丸，可惜货真价实的潮汕牛丸不多。

潮汕牛丸的制作讲究精心和耐心。老师傅告诉我们三个要领：精牛肉最好是大腿肉剔净筋膜后用手工、用切肉刀的刀背不断地把它剁烂加入味料后顺一个方向搅打至起胶。把干淀粉用清水调匀分数次倒入牛肉盘中搅拌。要注意淀粉的用量，过多了，牛肉丸会变硬，过少了，牛肉丸的黏稠力不够，就会弹性不足。然后放冰箱冷藏一夜，加热前把牛肉丸放清水中浸15分钟，煮熟后也要把牛肉丸放清水中浸凉。我们在潮州评十大名菜时，对牛肉丸的要求不外乎两条，一是要有浓烈的牛肉香味，广府人往往称之为膻味；二是看是否弹牙，往地上猛摔其弹牙可使牛丸跃起超过膝盖甚至可弹至摔乒乓球的高度，在制作上，除了搅拌匀称，淀粉量适中外，煮制时一定要慢火。也就是说，搅拌打丸和放淀粉掺合一定要精心，而煮制时用小火、慢火，一定要耐心，这两条很不容易做好。

最近，广东评出地方美食十大经典，潮汕牛肉丸入选，其颁授词为："使用当天活牛、取整块鲜肉用砍刀背或铁箸大力且反复砸至泥状，附加20余种调味料，味道鲜美，口感爽滑，筋道且富弹性，既可涮食又可炒制入菜，是广东人打边炉（火锅）最爱的一道食材。"

功夫茶中真功夫

只要有潮汕人的地方，就有人冲泡功夫茶。一桌潮菜筵席，无论烹制的菜肴多么美味可口，如果没有上功夫茶，那就不算是正宗的潮州菜。在筵席中，当客人入座后，便要上第一道功夫茶，在席间穿插 2 ~ 3 次，当筵席结束时，必要奉上最后一道功夫茶。

功夫茶极具地方色彩，无论器具、用水、程序、饮法，都有其独特的文化内涵，没有雷同，没有近似，它是唯一的，它的茶具艺术、验水与点茶艺术、煎水烹茶艺术、饮茶品茗艺术一起，共同构成了中国茶文化的艺术殿堂。

饮用正宗的功夫茶要谨遵古制，素心同调，主客只限四人，客人入座，要按辈分或身份从主人右侧起分坐两旁。茶壶，多用江苏宜兴的紫砂壶，烧制上紫砂壶的泥分布在岩石层下，泥层厚度非常低，因此数量就非常少，紫砂壶不夺茶香气又无熟汤气，壶壁吸附茶气，使空壶无茶叶也散发茶香，一般茶壶仅有拳头般大小，大不盈握。据说最初买的是用来装头油的朱砂细陶罐，壶底还镂刻"孟臣"、"逸公"之类的铃记。

茶杯质为陶瓷，口径不逾寸，半个乒乓球大小，其薄如纸，其白如雪。

水，最好为泉水，潮汕最著名的泉水是佛教发祥地西岩上的"问潮泉"，泉水甘冽而含多种矿物质，投小金属币于水面不会立即沉落。用泉水冲泡的功夫茶滴进杯里，随即化成留香满口的成津雀舌。

茶叶，以本土凤凰山云雾中的"单丛奇种"，俗称凤凰单丛饮誉海外，而饶平的白叶和普宁的黄旦也是潮茶骄子，泡茶时，茶叶要塞满茶壶，并用手指压实，据说是压得越实茶味越酽。

传统煮水是用榄核炭，不但火候好，而且有一种不可言状的香味，煮水时，茶炉离茶具最好是七步左右，这样，水沸后端来冲茶时温度最适宜，它的科学依据与现时提倡90℃水冲茶同出一辙。

功夫茶的烹茶技法，又称为八步法。

治器是指用开水先冲洗茶具。

纳茶，把茶叶分出粗细按三层装入茶壶，粗者置于底，中者置于中，细者置于上。

把茶叶按粗细放好，是为了使出茶均匀，茶叶逐渐挥发。

候茶，最讲究煮水，以虾眼水（也称蟹眼水）即微沸的水最好，《茶说》有云："汤者茶之司命，见其沸如鱼目，微微有声，是为一沸。铫缘涌如连珠，是为二沸。腾波鼓浪，是为三沸。一沸太稚，谓之婴儿滚；三沸太老，谓之百寿汤；若水面浮珠，声若松涛，是为二沸，正好之候也。"可见，二沸是泡茶的理想沸点。

冲茶，要特别注意不能把茶冲坏。传统火炉与茶壶的放置处大约走七步，提壶后走了七步，揭开茶壶盖，将滚水环壶口缘壶边冲入，切忌直冲壶心，冲破茶胆，此所谓"高冲低斟"。高冲，使开水有力地冲击茶叶，使茶的香味更快挥发，由于茶味迅速挥发，单层来不及溶解，所以茶叶不会涩滞，至于要走七步再冲，目的在于使滚水稍凉一点，以免破坏维生素 C。

刮沫，所谓低斟就是指向茶壶冲水时，由于茶叶的涩汁及其他成分，在茶面上会生成一层水沫，要用罐盖轻轻刮出，盖上后，再淋一次水，把粘附在罐口身上的余沫冲走。

淋罐，是盖好壶盖后，再以滚水淋于壶上，是为了追加热气，使茶香迅速挥发。

烫杯，是为了使壶、杯、茶都保持"热"的状态。在淋杯时要注意开水直冲杯心。烫完杯后，添冷水于茶壶中复置炉上回身洗杯。洗杯是最富于艺术形态的动作，老练者可以同时手洗两个杯，动作迅速，声调铿锵，姿态美妙。

斟茶，讲究低筛，这是潮汕功夫茶特有的筛茶法。把茶壶嘴贴近已整齐摆放好的茶杯，然后连续不断地把茶筛洒在各个杯中，谓之"关公巡城"，这种斟茶法像车轮转动一样，杯杯轮流洒匀，不至于使初出的茶色淡，后出的茶色浓。冲到最后，剩余一点也要一滴一滴分点到各杯中，名为"韩信点兵"，这种冲茶经有人把它概括为四句话，那就是："高冲低斟，刮沫淋盖，关公巡城，韩信点兵。"

烹茶之后，品茶也大有学问。冲茶者自己不能先喝，得请客人或在座的其他人先喝。在三杯中先拿哪一杯也大有讲究，一般是顺势先拿旁边的一杯，最后的人才拿中间那杯，如果在两旁杯子未有人端走之时，就先拿中间一杯，不但会被认为是对主人的不敬，也是对在座的其他人的不尊重。另外还需注意喝完一杯后，一般还要让在座的人每人喝过一杯后，再开始喝第二轮。

品茶要有宁静的心态，不要猴急，喝功夫茶不是为了解渴，是为了品味。我们先闻茶香再嗅茶杯，玩赏茶壶、茶杯的古朴典雅，然后杯缘接唇，杯面迎鼻，用舌头呷着细斟慢饮。此时，芳香溢齿颊，甘泽润喉响，人会顿觉神清气爽，心境怡淡悠闲。

日本茶道在世界上也有口碑，但它的哲学精神在和、敬之后是清寂。茶道的礼仪非常繁琐，客人进入茶室，推门、作跪、寒暄都有规范的礼节。把具有极高生活情趣的茶文化，促化为礼仪程式；而我们的功夫茶令人在尘世的喧嚣中得到的是襟怀的清澈和心灵的宁静，由此获得的是一份神圣、一份纯净、一份超脱。

第三章 酥、软、香、浓的客家菜

　　广东的客家人主要分布在东江流域和兴梅地区，在宋末以前，宁化是客家人南迁的集散中心，在明末清初，嘉兴州（现梅州市）是客家人的集散中心，客家人以此为轴心，向中国南方逐渐扩展并形成一个独特的民系——客家系。客家人祖先源自中原，是汉民族在中国南方的一个分支，在广东方言和客系语中，客家发音为"哈嘎"（Haha），意思是客户，即从外地来的人。由于客家人来岭南时间较长，受土著风俗影响较深，较早地就形成了自己的风俗之情，也同时形成了客家菜系独有的风情。

　　客家人劳动量很大，口味浓重，喜好咸食，其食材主料的特点是肉类多而水产少，口味突出咸、肥、香，讲求酥软香浓，造型古朴，以砂锅菜见长，其代表性的风味佳肴有盐焗鸡、酿豆腐、牛肉丸、梅菜扣肉等，这些菜肴既保留了古代中原的烹调法，又带有岭南地区的地方特色，所以北方人比较喜欢广东客家菜这个小菜系。

东江盐焗鸡，骨头都有味

盐焗鸡既是客家地区梅州的传统名菜，也是广东粤菜的代表菜肴之一。客家人在迁徙过程中，活禽不便携带，便将其宰捆，放入盐包中，以便储存、携带。到搬迁地后，这些储存、携带的原料可以缓解当地原料的匮乏，又可滋补身体。相传梅州长乐有一商人游走于岭南各地做日杂生意，由于其人缘好，在他回乡时，当地朋友送给了他一只肥鸡，此鸡为当地特产，名曰"三黄嫩鸡"。由于路途奔波，活鸡不易携带，商人便把它宰杀制成白切鸡，用盐封好放在包袱里。第二天，走到天黑，离家还有相当一段长的路程，商人决定露宿一晚。在饥肠辘辘之中，商人想到了白切鸡，便拿出来与随从烤着吃，没想到被盐焖封后的鸡肉一经烧烤，味道不同寻常。长乐商人心细，留了几块带回给妻儿品尝，恰巧他的妻子是个厨娘，按照盐焗的方法造出了风味独特的盐焗鸡。

盐焗鸡一定要选 10 个月大小的鸡作主料，宰后在鸡身上抹些生油，用砂纸把鸡包好，用牙签穿过鸡颈及鸡尾并固定位置，以防止砂纸散开。把锡纸裁至煲的大小铺于底部。把煲烧热，放入粗盐烧至金黄色，将约 1/3 粗盐铺于煲底，再放入煲鸡，将余下的粗盐铺面，盖煲以慢火焗 6 分钟，将鸡翻转，最后再焗 10 分钟即成。此鸡味浓酥香，囊括了客家菜咸、肥、香的风味，比白切鸡更受北方人欢迎。由于它首创于广东东江一带，当年东江地区沿海的一些盐场有人把熟鸡用砂纸包好放入盐堆储备，后来东江首府盐业发达，当地菜馆创新了鲜鸡烫盐焗制的方法推出"东江盐焗鸡"，大受客人欢迎。在广东，现在要吃到正宗的东江盐焗鸡已很不容易了。在今天这个"快食"时代，酒楼嫌盐焗功夫多，竟然把白切鸡手撕后淋上盐焗调料充当"盐焗鸡"，其粗鄙之处在于它没有使用大量粗盐，也没有精心去焗，还敢定名为盐焗，比起当年长乐商人初次炮制起码用盐去焗，历史颠倒退了几百年。

用盐焗料炮制出来的盐焗鸡，对盐焗鸡来说是一个冤案，殊不知在历史上竟真有一个"有东江盐焗鸡，就不会有杨修冤案"的传说。

东江盐焗鸡味道香美，皮脆肉滑，又具有养胃、壮腰、补气、益肾等功效，是岭南名菜。

据说盐焗鸡与三国时曹操的口令"鸡肋"有关。当年，曹操被刘备手下大将马超挡在斜谷，想进，道路被马超重兵守着，欲退，他又怕蜀人笑话。曹军只得驻守在斜谷。这一天，曹操正在吃鸡，大将夏侯惇走了进来，询问当天晚上的口令，正巧，曹操吃到了鸡肋，顺口便说"鸡肋"。夏侯惇听了后出帐便去传达。主簿杨修听了，急忙收拾行李。夏侯惇见了，奇怪地问："先生为何收拾行李？"杨修答道："今夜口令是鸡肋，鸡肋食之无味，又弃之可惜。这好比我们目前的处境。反正咱们早晚都得走，不如现在趁早收拾好行李，以免走时慌张。"夏侯惇听后，连连点头称是。他便下令将士们赶快收拾好一切，自己也回到帐中收拾行李去了。等曹操吃完了鸡，起身出帐散步，忽然发现将士们都在收拾行李，不禁大惊失色。问过后方知原来是主簿杨修惹起来的，便立刻下令将杨修杀了，从而酿成一宗历史冤案。

后来的《三国》评书人每说到这段故事都会说："如果当时有了东江盐焗鸡，那杨修就不会被曹操杀了。因为盐焗鸡的骨头，也食之有味。美食家曹操必定吃它个一干二净。他既然不会弃去鸡肋，那鸡肋也就不会成为曹操的借刀杀人之物了。"由此可见，东江盐焗鸡是连骨头都有味的特色鸡，长期居广东四大名鸡之首。

要使骨头都有味，特别是干香味，在盐焗之前必须先腌鸡。在洗净光鸡去除内脏吊干水分后，要用精盐、味精涂擦内腔，并放入姜片、葱条、八角、西凤酒，外表涂上生抽色，包裹鸡的砂纸最好涂上猪油，为的是使原鸡在焗的过程中增香。把粗海盐猛火加热至滚烫，扒开盐的中间，把包裹好的鸡放入，用热盐加盖，加上镬盖，离开火焖焗，要够盐把鸡全覆盖，要够时间，起码焗半小时以上。经此制作，味道入了骨头，这是盐的特有功能。因为盐的导热性能好，传热快，并有一种独特的香味，这种独特的香味使盐焗鸡成了广东独特的鸡馔。

梅菜扣肉是客家的"正气菜"

　　梅菜扣肉是广东客家地区惠州的传统名菜，与盐焗鸡、酿豆腐同称为惠州三件宝。北宋年间，苏东坡居广东惠州，派出两名大厨远道杭州西湖学习杭帮菜，并把杭州的东坡扣肉作为学习重点。扣法从烹技法划分，它应属蒸法。也就是说，扣法的原意是把已经处理的原料整齐拼砌在扣碗内，运用蒸气加热至熟或烩软，最后覆盖在碟中，淋上原料芡而成热菜的一种技法。这种技法在各个菜系中的采用都较为普遍，但广东却把"扣"变成一种有别于蒸的独特的技法。广东的"扣"，是把不同的原料相间拼砌成圆包状，色彩相同，赏心悦目。广东的"扣"使用原汁淋上打芡成菜，不似汤菜，胜似汤菜。广东的"扣"最大的特点是要把菜式加热成软烩状态，它的效果如炖菜又比炖菜多了几分芡汁的甘香。所以，广东的"扣"与炖是有别于蒸的两种技法。

　　扣肉在岭南传统中多以芋头去扣，而岭南最出名的芋头是荔浦芋头，所以又称荔浦扣肉。由于惠阳地区的梅菜最负盛名。苏东坡曾指导赴杭州学艺的师傅，精心制作出梅菜扣肉。梅菜扣肉又有别于岭南荔浦扣肉，因为梅菜不是块状，所以不能拼砌成圆包状。传统的梅菜扣肉用的梅菜是选用惠州横沥土桥的梅菜心，这个梅菜干、韧、香、有嚼劲。在扣的过程中，梅菜心是铺放在五花肉的上方，而今天梅菜的质地下降，叶比心多，但制作工艺基本没变，那就是把烧好的五花肉拿出来，肉皮朝下整齐地码在碗里，倒入原汤，上笼蒸透，走菜时滤出原汤，把肉反转扣在盘中，所以上台时，梅菜扣法的梅菜都在碗底。这时的惠州梅菜扣肉，色泽金黄，清甜爽口，肉肥而不腻，菜软而含油，五花肉里渗入梅干菜的清香，而梅干又得肉香，十分诱人。可惜今人盲目减肥，不愿吃肥肉，厨师只得把五花肉换成半肥瘦的上肉，以瘦为主，结果今天的扣肉是清香有余而甘香不足。但是，因为其制作要领是蒸法，所以在广东人看来，它属不寒不燥不湿不热的中性菜，被惠州人传为"正气"菜，所以至今仍是广东酒楼最受欢迎的粤菜之一。在它身上，仍有鲜明的酥、软、香、浓的特色。

　　梅菜一般在晚稻收割前播种，生产期比较长，大概需要八十天。开始时每天要淋一次水，两星期后则隔天淋一次，而且要频繁施肥，待菜心长到 10~15 公分左右就可收获。收获时先把菜心仰晒一天，然后把整株菜切成一片片的，再晒上一天后入池腌制，古老的制法是一层菜加一层盐，用脚踩实后再用大石压住，三天后取出到晒谷场晒，直到菜心七成干，便可食用。本来梅菜就是菜心干，为什么称梅菜呢？传说是当年一名叫阿牛的农民帮助一个梅姓姑娘渡河，阿梅送给了阿牛一包菜籽，结果种出了这种特殊的菜心，于是当地人便把这菜心称为梅菜。

"融合"的客家酿豆腐

客家酿豆腐或称东江酿豆腐是岭南饮食文化融会中原饮食文化的集中体现。大年三十，北方各家各户都要包饺子，被称为过年的"国食"。原籍中原的客家人南徙以后，这一习惯自然不能改变，但因为岭南土地不宜种小麦，主食是大米，缺少面粉，北方的面粉也难以运至岭南，要保持这一习俗就很困难。不要说平常了，就是过年处于深山腹地的客家人，要吃一顿饺子也非易事。后来有人想出一个妙法，他们因地制宜，就地取材，以猪肉和蔬菜混合制成馅料，以豆腐做面皮，把豆腐切成长方形对角形两块，用筷子在豆腐中间挖个小洞，再把肉馅嵌入洞中，做成"酿豆腐"，然后再蒸熟，用这种食法代替吃饺子。

由此可见，酿豆腐是岭南文化和中原文化交融的产物。自它出现以来，哪里有客家人，哪里就有酿豆腐，它蕴含着客家人对家乡的深情和更隽永的味道，更是从广东走向了世界。酿豆腐既是客家菜系的一张名片，也是传统粤菜的十大名菜之一，正宗的客家酿豆腐用的是盐卤豆腐。古老年代的豆腐，不但可以吃到豆蛋白的香，酿料中的味道也能渗入到豆腐里边，就是因为用盐卤。20 世纪 40 年代以后，豆腐的凝结基本抛弃盐卤而改成石膏粉凝结，石膏粉会使豆腐稍为软滑，但其他佐料的鲜味很难渗入，当年江太史的"太史豆腐"能够成为名菜，是把豆腐去皮，用盐水浸过，然后加入浓的火腿慢火弄熟，入口味鲜而嫩滑。客家地区的龙川县的传统做法与江太史十分相似，他们把豆腐酿好以后，盛在有蔬菜垫底的瓦罐里，加入以数只鸡熬成的鸡汁，据说起码要七八只鸡，然后盖盖慢熬，待鸡汁味融入豆腐才揭盖上台。现在正宗的酿豆腐仍然是盐卤豆腐，虽然口感稍比石膏豆腐粗，但豆香味十足，盛在鸡汤瓦煲内焖熟后，豆香鸡香浑然一体，外皮坚实金黄，内里嫩如凝脂，开盖后香气四溢，入口后满齿留香。

融合是今天经济发展的大趋势，也必将是文化发展的大趋势，融合比单一要好，单一虽然能保留个性，但用融合去保存单一，这个世界会变得更加丰富有味。

讲到酿豆腐的渊源，还有一种说法是，有位广东兴宁人和一个五华人是好朋友，秉性耿直执著且好品尝美食，切磋烹技心得。一次，他们相邀去饭馆吃饭，在点了三个菜之后，决定再点一个菜凑成"四和菜"。兴宁人说要点豆腐，五华人坚持要点肉饼，两人互不相让，竟然争吵起来，店老板见状，嘱咐厨师把猪肉剁碎拼上佐料，酿进一块豆腐里，放入油锅中煎至微黄色盛起。烧热瓦锅，放少许油，爆香姜片，加入上汤煮滚，放入蒜苗，豆腐烧开后下芡汁炒煮滚熟即可原煲上桌。这对朋友面对酿豆腐深感过瘾，把豆腐和馅料和着吃比肉片焖豆腐的肉片和豆腐分开吃要有意思得多。遗憾的是，今天的酿豆腐难以整块夹起放到碗里，很容易使豆腐和馅分离。为什么厨师不可以把酿豆腐做成小块，用汤匙盛起一口吞下？这么简单的动作，多少年了仍未见有任何改动，想想也真不可思议。

作为岭南饮食文化的精华，客家菜至今还保留着浓浓的中原古韵，长期的迁徙生活让客家人养成勤俭简朴的民风，喜欢就地取材，食材以野生、家养、粗种为主。

有一则鲜为人知的故事，一直在客家地区流传。

抗战时期，毛泽东在闽粤赣客家地区生活了近七年，对客家菜，特别是客家蒸笼菜和辣炒田螺肉情有独钟。

1929年4月，毛泽东率领红四军部分队伍从福建长汀回师赣南兴国县开展革命斗争，兴国县党组织领导人陈奇涵等人在中秋之夜宴请毛泽东。当时苏区物资匮乏，好不容易在山塘里捞了一条大鱼。怎么烹制呢？厨师决定用客家人惯用的蒸菜的传统方式为毛泽东做一条粉蒸鱼。随后，厨师用粉干底，鱼片盖面，做成了传统的粉蒸鱼。毛泽东对蒸笼鱼大加赞赏，连呼："蒸笼菜好，蒸笼菜好。"后来，厨师又端上花生米、小炒竹笋丝、炒肉丝、油炸泥鳅干四样小菜摆在蒸笼周围，毛泽东吃得津津有味，并为此菜式命名为"四星伴月"。之后，毛泽东由此菜作联一副："上盘下盘，盘盘盘，盘盘装好菜；主料配料，料料料，料料出佳肴；横批：四星伴月。"很快，毛泽东笑谈撰名，红土地粉菜传芳的趣闻传遍了整个苏区。

除了蒸笼菜，毛泽东十分喜爱另一道客家菜——辣炒田螺肉。粤菜炒田螺，喜欢下辣椒，这是岭南传统，粤菜对闽、琼、赣地区的菜系有着深远的影响，江西吃辣田螺也是受岭南的影响，毛泽东在井冈山期间日理万机，身心劳累，营养不良，其夫人贺子珍和警卫员常到水田捡田螺，沸水烫熟后，用牙签剔出田螺肉，切成小块炒韭菜或芹菜，芳香四溢，毛泽东食欲大增。

中国唐代以前就已有食用田螺的民间记载了，据传，当年南康（江西、广西交界处）有一村女，以拾田螺为业。后来被大群田螺咬死，后人在那里建立了一座螺亭，纪念这位田螺女，这是故籍《述异记》中关于田螺的记载。

在历史上流传得比较多的，是苏东坡吃田螺的故事。苏东坡被贬广东惠州时，见当地人都爱吃田螺，一吮一个，甚是稀奇，便向一位老农要了一篮田螺，但苏东坡费了九牛二虎之力，也无法吮出螺肉来，只好用针一个一个慢慢挑出来吃，原来苏东坡不谙煮田螺的秘诀，没有把螺尾轧断，后来，苏东坡向当地人请教，惠州人热情地向他传授煮田螺的技巧，诸如炒螺要加花椒、八角，要下微辣等。苏东坡利用田螺食材，创出了多款美味佳肴，如今天的田螺煲鸡，就是岭南的一道名菜，加上啤酒烹煮的田螺煲鸡，味道十分可口，随着这道美食的传播，"苏东坡吃田螺——慢慢挑"也成了惠州的歇后语，一直传诵至今。

第四章 "中国厨师之乡"
——顺德美食

　　讲到厨师之乡，自然要提到顺德向中国，向世界输送了多少厨师，但这个角度只限于粤菜，在世界众多菜系中，哪怕就是在中国五彩缤纷的烹饪流派里，粤菜或广府菜占的份额都是有限的，我们可以从食材的类别切入，比如烹鱼，中国餐饮界都公认广东顺德厨师对塘鱼的烹饪最有心得，他们创立的烹鱼法，例如啜鱼蒸浸煎焗和煎酿，都达到出神入化的"绝境"，被誉为省港澳地区的"鱼王"。

妙手出神的顺德大师名厨

自从有朝代记载历史，夏朝应该是朝代的先祖，而中国最早的权威的厨师，应该是夏末商初的伊尹。伊尹本是一个弃婴，被有夫氏（一个小国国名）的一个采桑女子捡到，献给了国君，国君便将扶养的责任交给了厨师（当时称为庖人），在庖人的悉心教导下，伊尹成了远近闻名的厨界能人。伊尹有相当精辟的烹调理论，概括起来就是：只有掌握了娴熟的烹饪技巧，才能使菜肴达到久而不败，熟而不烂，甜而不过，酸而不烈，咸而不湿，辛而不辣，淡而不寡，肥而不腻的境界。当我们今天谈论起调味标准和烹饪火候的时候，虽然时隔两三千年，却仍不能作出当年伊尹这般精辟的论调，所以伊尹被称为"烹调之圣"当之无愧。

古代将以烹调为职业的人称为庖人。庖人在历史上一般来说地位较高，备受社会尊重。当然，作为劳动者，他们从本质上被看做是社会的下层，饱受欺凌和压制。伊尹是以庖厨活动喻说安邦治国的第一人。当年伊尹对商朝的君主商汤说，美味好比仁义之道，国君首先要知道仁义即天下的大道，有仁义便可顺天成为天子。天子行仁义之道以拯救天下，太平盛世自然就会出现。尽管历代有人因厨艺高超而获得高官厚禄，在汉代厨师入仕曾一度成为普遍现象。但历代庖人更多的还是服务于达官贵人。在中学读古文时，我们背诵过"君子远庖厨"一语，一直解释为：杀鸡宰羊的屠夫是小人，是君子就别进厨房。其实这是极大的误解。原话是孟子与齐宣王的谈话，谈到是君子都应有仁慈之心，当他们看到飞禽走兽活着，就不忍心杀害它们，听到它们临死时的悲鸣声，就不忍心再吃它们的肉。为此，君子总要把厨房建得离厅房远一些，不要去看宰杀禽畜的场面，这样吃肉才会觉得香甜。

广东的顺德，被中烹协命名为"中国厨师之乡"是实至名归。在广东，"食在广州，厨出凤城"这句名言可谓家喻户晓，它高调地向世人宣称，顺德是著名的烹调之乡，粤厨的摇篮。顺德俗称"凤城"，宋代以来，长期受南传中原文化潜移默化地影响，特别是受醇厚正统儒家思想的熏陶，顺德人日渐"务本崇证，质而弦诵，商贾卓通，各科称盛"。顺德是广东粤剧的发源地，广绣发源地，书画艺术驰名华夏。顺德还是国内木刻雕版中心之一。廖锡祥、李健明先生在《美味顺德》一书中曾这样描绘过顺德厨师辈出的文化背景："深厚的文化底蕴孕育出淡雅精致的美食文化。温文尔雅、精明内透、巧手慧心的人文素质更不断催生顿悟于心，妙手出神的大师名厨。"

厨师的哲理和浪漫

顺德厨师烹鱼的心得有两条是绝无仅有的,一条是"静鱼",在顺德厨师们看来,鱼在水中游,正常情况下是神定魂宁、悠然畅游,一旦被惊扰,就会失魂落魄,这种被称之为"失魂鱼"的食材,厨师是不愿烹制的,因为"心不静"所以会致"肉不鲜",所以从远处运来的"失魂鱼"必须经过三天以上"静养",最好是一周,让鱼儿吐净腹中之"脏"物,调理好精神状态,再宰杀,就好像当今猪牛的屠宰场放着美妙的音乐才对牲畜进行电击,这时,牲畜肌肉放松,肉质才会鲜美。广东各海(河)鲜餐厅里庞大的鱼池,除了展示外,还有"静养"的功能。

顺德厨师尊重生命的理念,换回来的自然是美味的回报。让鲜活的生命安乐死,能运用到对生命的食材的处置上,不能不说这是顺德厨师创立的"烹饪文明"。但令我们十分不解的是,在剖鱼的过程中,厨师们不是用剖鱼刀在鱼头一拍,将鱼打晕,然后再开膛,令鱼儿少受痛苦,而是先在鱼的下颌处割一刀,再在尾部割一刀,然后将鱼儿再放回水中,让鱼儿在猛烈的游动中令鲜血自然流尽,这是名副其实的"放血"。为什么广东人吃生鱼,鱼片薄如蝉翼、洁白如雪?这是因为顺德厨师在生物尚未结束生命时让它自然流尽最后一滴血。血腥血腥,凡血必腥,血尽肉鲜,美味异常，杀猪如此，杀鸡如是，想不到剖鱼放血也可以如此凄美。或许人类认为，它们是无意识的，所以无痛感，它们存在的意义是为了给人类提供营养和美味，所以当我们品尝美食时无需下意识地用人类社会的伦理去评判影响感官的感受。但我们确实很难把"安乐死"和"流尽最后一滴血"统一起来，从这个意义上说，顺德鱼王有极强的心理平衡能力。

顺德厨师另一门绝活是蒸鱼的技法，顺德蒸鱼技法在中国是"独门"。如果把鱼原条烹，传统的蒸法是平放，开边或斩件更是把鱼摆平，没有立体感，顺德厨师作了两项革新：一改侧放平蒸为前朝天蒸，使鱼从平面变为立体，与顺德人追求新鲜生猛的意境吻合，把鱼背朝天，可使鱼身两面受热均匀，因为蒸气可以从鱼底下穿行，在流动中加速鱼肉快熟，顺德人平时蒸鱼时在碟底部放姜片和葱白，也是出于此理；二改平放缺乏生机的呆滞，把鱼（特别是鳙鱼）背肉连脊骨切成薄金钱片，当鱼被放到沸水中开涮时，骨两边的鱼肉随即变成驼子（隆起），形似接吻时的"两片朱唇"。北方师傅刀工了得，往往通过人工的雕刻，使食材由平面变成立体，但利用烹调方式使食材变形，变得有型有款，当属顺德厨师的一大创造，而且这种烹艺制作出的菜肴充满动感，栩栩如生。广东人称接吻为唼，把鱼背变成接吻的朱唇，这是难得的厨师式浪漫。

我们说顺德厨师的哲学头脑，还表现在浸鱼时刚柔相济思想的运用，浸法是为了让肉类食材的蛋白质在均匀的受热下不至于凝固变硬。厨师在水（汤或油）中下料，使肉类在一定温度下外皮紧缩定型，这叫做刚，随后温度慢慢下降，逐渐传导到食材内部，使食材变性，这叫做柔。刚的要求是一定要达到相应温度，柔则是食材放下后，如果油浸即收火，水浸则可收至小火，让食材不受高温的持续作用，达到外香内嫩的目的。

顺德师傅的浸法，主要表现在根据不同的鱼种，选择是水浸还是汤浸，根据温度和食材大小、水多少把握好浸的时间，并要做好浸前浸后的调节。顺德出名的油浸山斑，先用姜汁洒，生抽腌制，烧镬下油后加热至180℃，用手执头、尾，下油定型，然后放入油内，即端离火位，将鱼浸至熟，将鱼捞起上碟，再撒上胡椒粉、葱丝、红椒丝，溅少许热油，用生抽、上汤、味精、白糖调制成豉油皇味汁淋上。

究竟应该采取哪种浸法，要根据不同的品种采用"让其优势发挥到极致"的浸法。不同的传热介质，对菜肴形成的品质有很大影响。用油浸，外香内嫩；用汤浸，味道鲜美；用水浸，肉质嫩滑。顺德师傅浸鱼，传统上是选用生猛河鲜，即剖即浸，特别是惯用原条浸，令人为了"餐中秀"把浸鱼与堂灼齐用，把鱼切片，即浸（灼）即食，特别是操作人员为楼面服务人员，没有厨师跟班，将鱼放入水（汤）内不收火，或待水沸腾达100℃以上才放鱼，这就使鱼变得过熟，失去了嫩而不烂、熟而不粗的口感。经过百年的摸索，顺德的浸鱼技术已是炉火纯青，顺德人的日子也从"天天做鱼菜，隔日鱼煲汤"发展到"天天做鱼菜，日日汤浸鱼"的地步，把吃鱼上升到讲鲜、讲色、讲味、讲养生，四讲齐上的新水平。

同行到顺德取经，对顺德厨师的"三精"（精魂、精炒、精湛）感触尤多。"三精"都离不开一个"精"字。乔迁海外、港澳地区的顺德人对顺德的"酿鲮鱼"极度称道，有人赞曰："脱胎换骨见刀工，炸酿鲮鱼自不同，唥唥肉来堪大嚼，鲜甜可口味香浓。"鲮鱼生来纤维多而幼，水分少而味极鲜，肉色白而嫩，幼骨多如毛。根据这个特点，顺德人从鱼腹正中纵向剖开，用刀锋在皮肉之间轻轻割开，小心地把鱼皮剥离到背鳍处，剥罢一侧，再剥另一侧，用利刀斩断脊骨两端，而保持头尾与皮囊相连，不能丝毫破损，然后起出鱼的整副骨架，把鱼肉剁烂成茸，加入细碎的副料和辅料，搅匀后酿回鱼皮囊中，使之恢复原形，这个过程，既似是精确无误的外科手术解剖，又像是精美无比的齐白石老人笔下的蜻蜓和嫩虾，笔笔精细入微。最后酿鲮鱼在原汁二汤和调味料的滋润下，在热力催动下先炸或煎然后炸，各种主味成分在它身上互相渗透交融，形成了味道香浓、质地嫩滑的水乡佳肴。以上描写，详见于廖锡祥先生在《美味顺德》中的描写。这是迄今为止我所见到的赞赏酿鲮鱼的最优美的文字。虽然煎酿的技法全国都有，而且一般都有软煎、蛋煎、干煎、半煎炸、煎封、煎酿六种形式，但顺德的煎酿鲮鱼之所以特别，在于专拣鱼骨最多的鲮鱼去骨成茸成馅，手工极其繁杂；顺德煎酿鲮鱼之所以高超，在于把鱼肉剔出骨头后剁成鱼茸用鱼皮包裹，还原成一条鱼状。顺德煎酿鲮鱼之所以美味，在于把鱼肉打胶成茸时调出美味，既鲜又爽，在煎的过程中让其金黄，呈现焦香，最后打芡或封汁，更加锦上添花。

厨师的师傅：自梳女和渔夫

顺德最早的厨师自来民间，最早最优秀的厨师是两类人，一类是自梳女（又称姑婆），一类是渔夫。旧时社会的女子，婚前是梳辫的，嫁作人妇才束髻。凡决定终身不嫁，易辫为髻的被称为"梳起"，且要经过与宣誓相当的仪式。凡父母反对的，则选择到庙宇宣誓，由"姑婆屋"的姑婆们秘密安排与主持。这些终生不亲近男人的女子被称为自梳女。自梳女不得居于母家，主要靠自主谋生，她们多以结伴或分户聚居，于是顺德大良有了最早的姑婆屋。

18世纪中叶以后，顺德的自梳女多与金兰姐妹租赁或合置物业同居。姑婆们凭着以往的经验和一双巧手，创造出不少美味可口的菜肴美点，成为创制凤城美食的主力军，并给广府菜以深刻的影响。

到处是桑基鱼塘的顺德，姑婆们吃鱼最为方便，先淘米下水煮饭，然后到鱼塘网鱼，搞一块鲜荷叶，再回到"姑婆屋"把荷叶与鱼弄净，同时锅里的米开始成饭，将荷叶包鱼放在上面，盖上锅盖，待饭焗透，鱼也刚熟。拿出来，舍弃荷叶，把鱼置于碟上，加上生抽、熟油便烹成荷香鱼。这种做法，就本质而言，与今天广州的清蒸海（河）鲜是一样的，顺德姑婆是广州今天的师奶和酒楼烹鱼师傅的"师傅"。

顺德姑婆们制作的"荷香鱼"以鲜嫩荷叶卷包住未失魂的活鱼，放上饭面蒸熟，由于分秒必争，鱼未失魂，因而鱼肉鲜嫩，润滑甘香。今天，广州的清蒸海（河）鲜，就是不断吸收顺德姑婆的经验，使清蒸鱼这一技法逐渐趋于完美，如蒸鱼必先弄热蒸器，假如用瓷碟，还要放上葱段，让蒸器中有空隙，蒸气可从中间渗入，鱼脊骨还有百分之一二未熟的鱼肉，特别嫩滑。这是顺德姑婆的标准，也是近水吃水的广州人对鲜鱼烹饪的基本要求。

　　顺德厨师的第二类师傅，便是顺德的渔夫，他们生活在鱼米之乡，在桑基鱼塘边搭棚居住，长年以打鱼为生，以鱼为荣，他们了解鱼，更了解鱼的烹饪方法。他们选鱼多选750克左右的鲩鱼，鱼太大，肉会老而粗，小了则味淡而肉散。选鱼头，他们爱选鳙鱼头，因鳙鱼头嫩滑肥美。鲢鱼味腥肉肥，渔夫们别出心裁地用乌醋做汤来浸鲢鱼，乌醋消滞解腻的功能使鲢鱼腥味尽去而突出鲜味，让其丰腴肥美的优势表现得淋漓尽致。最早使用塘鱼下脚料做菜的也是顺德渔夫，他们用鱼肠加蛋创出了钵子焗鱼肠，用起肉以后的鱼骨制作出了酥炸鱼骨。今天，广东的家庭主妇在蒸鱼时往往把水倒掉再淋豉油和沸油，但顺德渔夫认为鱼水是属于最本味的珍品，他们把水倒出一半，与豉油混合或调料后再用，会使鱼肉变得鲜美无比。今天的顺德，人人懂蒸技，个个是捻手（懂弄儿味菜的人），所以对厨师们来说，他们生活在一个到处弥散着烹饪氛围的气场里，大家爱挑剔，喜当食评家，食客推着厨师走，烹饪王国显风流。

鱼腐（娱父）与食鼠

顺德人的烹饪技艺，在烹鱼上表现得出神入化。但许多地方的特色菜点，外邦人都吃过，也都产生过"一定回头"的冲动，如乐从豆腐就是一味广府喜闻乐见的地方特色菜。

乐从豆腐实际上是乐从鱼腐。据传，顺德乐从沙滘有一孝女，她常见老父母每日吃咸鱼青菜而郁郁寡欢，于是想寻一种新菜肴让老人家换口味。她从鲮鱼脊肉刮出鱼青，加入配料和鸡蛋液，搅匀，捏成丸子，放入油锅炸成黄色，最后烹制成菜，老人家品尝了这道新菜后，终于露出了难得的微笑，乡亲们特意把这道菜叫"娱父"，就是娱乐父亲之意。由于这道菜的主料是鱼，其形又略似炸豆腐，后来便以谐音称为"鱼腐"。

鱼腐色泽金黄，软滑可口，甘香浓郁，诱人食欲，在岭南珠三角享有盛誉。有一首"顺德美食竹枝词"这样咏唱鱼腐："甘香幼滑色金黄，鱼腐炊扒各擅长。信手拈来皆入馔，咄嗟可烩靓美汤。"说的是作为已炸熟的半成品鱼腐入馔最宜焖、酿、浸、烩，是乐从一带水乡菜肴的主角之一。

顺德人的杂食虽然食材混杂，但是富于营养，他们不是单纯追求口腹饱足，而是通过精妙的烹饪使之变为可口佳肴。

有外邦人到广东顺德吃过鼠肉，常有耻对人言的心态，老鼠的丑陋不外三条：咬坏家居杂物，偷吃粮食；生相诡谲，贼头贼脑；浑身带菌，传染疾病。其实，这样的老鼠只是我们常说的"坑渠老鼠"。北京周口店"北京人"洞穴遗址里，发现灰烬里有成堆被烧焦的鼠骨化石，这说明50万年前的旧石器时代早期，我们的先人早就以鼠肉为美食了。

古人有鼠肉"其味极美"之说。顺德人说，鼠肉暖胃驱寒，还有护发作用，所以在顺德吃鼠的大有人在。顺德人喜爱食鼠，食的是吃粮食的田鼠，种类有乌毛柱鼠、黄毛哥鼠、白尾貂鼠等，一般以黄毛哥鼠为多，对保护农作物很有益处。顺德的鼠害之所以历来比北方各省小得多，也许正是与此有关。

广东人喜吃鼠，大概在唐代已开始，当时有生吃田鼠的习惯，也喜欢用小鼠泡酒、广东的胎鼠酒与蛇酒齐名，用刚出生的小老鼠泡药酒，可以驱风寒、治头痛、产后风。

现在，珠三角流行的吃鼠习俗大都沿袭顺德红烧的方法烹制，称为红烧田鼠，此法是先用白糖和醋抹鼠皮面，油锅烧至九成熟，田鼠入锅炸呈黄色出锅，倒出余油换汤水，加各种配料，烧开后放田鼠，加盖焖至肉不韧，捞起用花生油抹皮面，斩成原形拼于碟上，以锅肉原汁勾芡淋于面上，加小麻油即成。

姜汁烧酒煎焗也是顺德吃鼠的惯用技法。制作田鼠，用沸水略泡后，最好再用淘米水浸洗，去除异味，再用洁净布吸去水分，剔去脊骨，斩成件，用姜汁酒拌匀腌渍，以干生粉拌匀，烧镬下油，下姜蒜蓉爆香，下鼠脯件。在这里，顺德师傅紧紧抓住煎焗的要领：腌制，慢火煎，下味汁焗三个环节。把鼠脯件煎至两面呈金黄色后，溅入沼酒，下味汁略翻匀后加盖，焗至味汁收干。广东人的煎焗烹技想不到在顺德人手中被用来烹鼠。经过煎和焗，鼠脯香味扑鼻，入口松软。每年金秋季节，煎焗田鼠隆重登场，并伴有腊鼠干上市，外邦人虽有心理障碍，但试后愿意返寻味的据说也超过百分之五十。

30年前，作为"珠三角一日游"的常客，节假日我经常奔走于广州顺德之间，后来作为向导，我多次带北方朋友到顺德品尝"污糟鸡"（肮脏的意思，是"花名"）、缩骨鱼和脆肉皖。从改革开放初至今我对顺德美食始终恋之情深，念念不忘。每去一次如同朋友般的邂逅，我都试图捕捉第一次吃"污糟鸡"时自我服务的快感。自己找位拿碗砌筷，自己开瓶、拉罐、泡茶，小小动作冲击着城里人的怠情，使我更加热爱顺德美食最浑然的本色风味，任凭回忆在舌尖的躁动中源源流出，如火花飘忽明灭……

第五章　粤菜饮食文化名城
——中山美食

　　中山市位于广东省中南部，珠江三角洲中部偏南的西、北江下游的出海处，北接广州市番禺区和佛山市顺德区，西邻江门市区、新会区和珠海市斗门区，东南连珠海市，东隔珠江口伶仃洋，与深圳市和香港特别行政区相望。中山有中国历史文化积淀深厚的名山，其古称香山，于南宋绍兴二十二年设立。1925年，为纪念孙中山先生遂改称为中山县，这是中国唯一一座以伟人名字命名的城市。

　　广东文化的核心是近代文化，而孙中山则是近代文化之魂。在影响中国的广东人物中，孙中山是排在首位的最重要的人物。孙中山先生对美食的深刻认识与他从小就接受中山美食、浸淫在中山独特的美食氛围下成长是分不开的。在《建国方略》里，孙中山先生阐述了我们饮食习尚的特点，认为中国一些处贫困之区却长寿的人，是与"常吃粉粗茶淡饭，佐以蔬菜、豆腐"有关。"夫中国食品之发明……一如金针、木耳、豆腐、豆芽等品，实素食之良者……而欧美各国并不知其为食品也。"他举出了豆腐等为例外，还说："至于肉食，六畜之脏腑，中国人以为美味，而英、美人往时不食之也，而近年亦以美味视之矣!"他认为"中国烹饪技术是一种宝贵的文化艺术，中国烹饪之妙，亦是表明文明进化之深也……我国近代文明进化事事落后于人，惟饮食一道之进步，至今尚为文明各国所不及……中国不独食品发明之乡，烹调方法之美为各国所不及；而中国人之饮食习尚合乎于科学卫生，尤为各国一般人所不及也"。

侨乡的"西洋菜"和"石岐乳鸽"

中山饮食文化是典型的水乡美食文化和中西结合的侨乡美食文化，具有浓厚的广东地域风情。

中山市的自然风貌依旧保持良好，拥有众多保存最完整、最具水乡特色的自然景观与人文生态的景区。在这里仍然可以看到如桑基鱼塘的传统农业生产方式。石岐河、小榄水道、鸡鸭水道、黄圃水道，还有那数不清的小溪流，如蛛网般散落在这个平原城市。中山水乡处于淡水、咸水交界，食材丰富，味道鲜美，河鲜及田基美食具有浓郁的乡土特色，代表作有沙溪三件宝——焖洋鸭、白切鸡、沙溪扣肉，而水乡三宝——虾干、鱼干、钵仔禾虫等则是沙田美食中典型的风味菜，小榄地区菜讲究刀工、火候，要求香酥爽嫩，代表作是炸鱼球、菊花肉等。

约在三百年前，香山（中山）人随着澳门葡萄牙的商船漂泊到海外谋生，被当时政府斥为"天朝遗民"。旅居海外的华侨不忘故土，从家乡带出家乡种苗到侨居地，又将侨居地的家产种苗引回家乡。美洲的番鸭、乳鸽、荷兰薯、荷兰豆、菠萝，南太平洋的西蕉（香蕉）、番葛（沙葛）、西洋芹、椰菜、椰菜花、白花番薯、番茄等，经过乡人的培植选育成为中山名产的数不胜数，如石岐乳鸽、石岐杂交鸡、库充荷兰薯、神湾菠萝、茂生香蕉、沙溪西洋菜等，丰富的侨乡物产以及侨乡风俗形成了一种耐火制作、味道浓郁、烹制过程香气弥漫的制作方法。

南菜北调，南菜北种，今天已司空见惯，但西洋菜，北方真的很难种植，它是南方很"独"有的一种蔬菜。

西洋菜原来是一种不知名的水生野草，最早有西洋菜的地方是澳门地区，后来传入中山，传入珠海，成为岭南一种清热解毒的菜蔬。

距今约二百年前，一艘葡国商船自大西洋到澳门地区。一个患了肺病的船员被留在了荒岛，商船给他留下了很多粮食。之后，商船东行，全船的船员都确信这名病人必死无疑。数月后，该船复经荒岛，为了掩埋那名患者的尸体，船员们又上了岛上。令他们大吃一惊的是，那名船员并未死去，粮食虽已吃尽，但他以荒岛水上生长的野草为食，不仅治好了肺病，而且还将其作为充饥的营养物天天食用它。船员们大喜，把此野草带回澳门地区，并且在澳门地区生根，并逐步移植到岭南一带。由于野草没有名字，又没有什么特征，且因它是西洋人带来的，居民便把它命名为"西洋菜"。至今，人们都认为西洋菜具有清热清肺的功能，广东人更把它作为泻火的菜蔬。

中山有种美食闻名全国，那就是石岐乳鸽。侨居欧美的华人食鸽必称石岐乳鸽。由于中山地处侨乡，一些华侨早年从国外引进的优良鸽种与本地鸽杂交，经过几代演化，中山逐渐成为中国著名的肉鸽种场。

过去中山石岐一带，以大三乡的张溪、基边、员峰，小三乡的原兴、岐头、坡头等地饲养最多，石岐乳鸽含有欧美鸾鸽、卡双鸽、王鸽等品种的血缘。公鸽最大体重0.9公斤，母鸽0.75公斤，它们共有体长、翼长、尾长的特征。石岐乳鸽骨软、肉嫩、多汁、味道鲜美。现在烹饪乳鸽，在广东较常见的技法有白切、卤水淮杞炖、姜葱焗，但最受欢迎的技法还是红烧，而且用的是正宗石岐乳鸽。1994年5月，国务院招待俄罗斯总理，特别指定中山温泉宾馆的大厨带上百余只鸽子飞抵北京烹制石岐乳鸽。红烧石岐乳鸽的制法并不复杂，将洗干净的乳鸽飞水去芥毛，在乳身腹壁内外用料酒、酱油等拌匀，再放入白卤水中浸到8成熟，上脆皮浆（麦芽糖浆），晾干，再放入约120℃油温的油锅中炸至大红色，优质的判断标准是皮脆、骨滑、骨稔，撕开肉带汁，啃骨骨甘香。

别致的菊花肉与玫瑰燕

小榄的菊花美食是中国菊花入馔最早的地区之一。

在中国，种菊最多而又作蔬菜的地方，其盛应首推中山小榄。我国古代早就有人以菊花为菜蔬的。唐元结《菊谱记》云："在药品是食药，在蔬菜是佳蔬。"而食菊最早记录见于屈原《离骚》的"夕餐秋菊之落英"和《楚辞·九章》的"播江离与滋菊兮，愿春日以为糗芳"（糗qin，米麦磨粉作成干米），之后，又如《续博物志》："杞菊、山芋、牛蒡，道家以为佳蔬。"到了晋代傅立《菊赋》："掇以纤手，承以轻巾，揉以玉英，纳以朱唇……"司马光的《晚食菊羹诗》："采撷授厨人，烹瀹调甘酸，毋令姜桂多，失彼真味完。"苏东坡的《后杞菊赋》："……吾方以杞（指枸杞头）为粮，以菊为糗，春食苗，秋食花实而冬食根，庶几乎西河南阳之寿。"国人都喜花，特别是把菊花作为最常见的菊花美食，认为菊花"服着长寿，食之通神"。然而艺菊成社团酿荼薇酒，特别是菊花肉，都是广东中山的一大特点。据岭南杂食记载，南粤香山从明代时已有菊花糖肉之食。古籍也反映明代香山的小榄已是莳菊成艺，民间汇菊，相互品咏，名人雅士在府内议菊、评比，家人奉上自制菊花肉供客品尝。嘉靖十八年癸酉菊友会决定于次年甲戌，在小榄举办菊花盛会，每隔花甲（60周年）为一届，永不更替。嘉靖十九年甲戌首届菊花会盛极一时，小榄居民用来招待客人的特产，首推小榄菊花肉。小榄菊花肉是一道名副其实的美食。所谓名副其实是指它的产地，除了小榄，全中国无其他地区产此种食品。二是它用的原料一是菊花，二是猪肉。虽是乡土产品，但它的工艺十分繁杂。先用手工摘出黄菊瓣，以1：3重量加糖煎煮、搅动，适时收火，略冻，用竹工具盛之。置秋爽阳光下，晒至鲜干。菊花瓣已饱含糖分，筛去糖屑，另用糖腌肥肉片，略沾冰糖胶，放入瓣堆，粘满花瓣，逐件入包装。说到鲜花入馔，今人以玫瑰花入菜更具时代气息。

中国著名烹饪大师大董创造的冰花玫瑰燕，是采用高科技分子技术把玫瑰汁做成点子状，令其可口富有弹性，先把燕窝蒸熟，再倒入玫瑰点子，上菜时再配以鲜玫瑰花瓣，色泽鲜艳，味道爽滑。而著名的大厨诗人二毛创造过一道菜叫鲜花盛开，是用五花肉剁成肉茸，和虾滑做成馅，配上红酒和玫瑰汁，酿在鲍鱼里，一起蒸熟。上菜的时候，再配上干的玫瑰枝，装在专门烧制的画框状的陶瓷盘中，这道菜一上桌，就像一幅色彩亮丽的图画：鲍鱼好似一朵娇艳的玫瑰花，周围搭配着真的玫瑰花瓣，看上去就是朵盛放的优雅玫瑰。二毛自我评价：这道菜不但创意非常精致，味道也十分独特，尤其适合情人谈情说爱时享用。

韧爽的"脆肉鲩"

岭南文化受独特的地理环境和中国特色社会条件的限制和影响，在千百年的演变进程中，逐渐形成一种与其他区域不同的模式。中山的香山文化与岭南文化同构，与近代同步发展，为岭南文化增色添彩。中山饮食文化除了继承岭南饮食文化中"新鲜、自然、美味"的精髓外，更具"创新"的进取精神和鲜明的水乡特色。虽然中山水网交错，淡水河鲜极其丰富，但中山人还是在广州四大塘鱼之一的鲩鱼种群中，培育出一种名为脆肉鲩的新品种。在 20 世纪 80 年代广东特区敢为天下先的潮流带领下，中山长江水库利用水库的矿泉水，饲以精饲料，运用活水密集养殖法，利用水流落差让鲩鱼处于高频率的运动之中。大规模的鲩鱼经过喂养植物性饲料培育成特优水产品。脆肉鲩外形如旧，但肉质已变，变得结实、清爽、脆口，蛋白质含量比普通鲩鱼高 12%，但味道更为鲜美。由于脆肉鲩肉质带有韧性，特别脆爽，所以一出市场随即引起轰动，纷纷被用作为生炒、蒸、炖的风味食材，至今雄踞广东淡水鱼市场三十年。中山市东升镇被命名为"中国脆肉鲩之乡"，东裕牌脆肉鲩已发展成为中山水产代表性品牌。

我在中山评审"粤菜饮食文化名城"的日子里，何止是对昔日粤式风味的迷醉，更有的是精神上难忘的时空之旅。在长江水库，我们吃到的十五斤清蒸大鱼头令人惊喜连连，痴恋良久。水库大鱼头没有十斤八斤称不上大，中山长江水库养育的淡水鱼肥美至此，使烹饪师傅无需用酱油点缀，单凭鱼头的清香就化平凡为逸趣，使中烹协的专家产生丰富的联想，加之脆肉鲩尾部的嫩滑和腋下的脆爽，都是传统鱼塘养殖下不能出现的美味。鱼肴卖相的幽微秀美，更增添了南粤鱼宴的风流遗韵，自然而然地使我们南北客人有了更深的相知和更具灵性的对话。

水乡"三件宝"

五百多年前的香山北部，涵盖了古镇小榄、东风、南头、黄圃、东升等6镇，当时这里还是水乡深滩。明朝政府取得天下后，将部分军队分派到香山北部屯田，这些军队士兵以务农耕田为主，闲时练兵比武"斗打"。随着明代香山经济的发展，军队的士兵父子相传，练兵比武"打斗"慢慢演变成比农产成果，比烹饪技术，比菊花种植，比喝酒多少等不甘人后的"斗叻"（斗劲）民风。当年香山北部屯田的军队来自四面八方，他们将各地的风俗习惯、家乡美食带来香山。历经数百年风雨更替，不甘人后的"斗叻"民风创造了中山北部的烹饪奇迹，令中山北半部的美食不断创新。隆都原来是香山县一个行政区域的名称，始自南宋，现在的沙溪、大涌两镇是其主要构成部分。隆都的传统饮食习俗在民间流传数百年，过年炊年糕压岁，端午节包节日粽，年末开始制作点榄包。隆都人利用自家的五谷、蔬菜、牲畜等食材资源，制成独具乡土特色和传播文化气息的传统饮食，在国内外产生广泛影响。扣肉、切鸡和炆洋鸭是中山隆都的传统例菜，又称三件宝。

炆洋鸭，此菜始于清代。传说乾隆皇帝下江南曾尝到"一品窝"，后来查知其中就有炆洋鸭。乾隆回京后，下旨令御厨仿制，而结果是御厨也无能为力，原因在于材料不同。炆洋鸭用的是一种冠红羽白、性沉静、爱洁净的鸭种。传说此鸭是由一位归侨从外国携返家乡的，返国时只带回雏鸭两对，途中死了一对，幸存的一对便精心饲养。这侨民有个经商的儿子，与衙门中人交往甚密，结果知县知其家养有异种鸭，吃掉了一只公鸭，主人只留得母鸭下蛋繁殖，这一优良鸭种才得以保存下来。今天的中山人更倡导食材的选择"取之自然"，烹调手法"烹之自由"，就餐环境"就餐自在"。中山大地桑基鱼塘遍布，最适宜饲养鸭群，所以，信手拈来的鸭子自然造就了中山的鸭菜系列，除了炆洋鸭外，香山霸王鸭也有 80 年历史。至于什么五彩大鸭、大鱼蒸鸭、木瓜炆鸭、荔荷全鸭、果仁全鸭等，把中山变成了鸭的世界。

广东的白切鸡，外邦人也耳熟能详，但为什么叫白切鸡呢？其原因在广东也鲜为人知。白切鸡的名称是清代中山隆都名厨陈师傅所创。当时村民陈武举请陈师傅来府执厨烹调，那天忽遇大风，陈师傅急忙把鸡放入汤盘以求快熟，以手提鸡时，觉得十分烫手，急忙中又丢入冷水盘里，最后切件上碟。调味品也很简单，以熟油加入豉油、葱姜蒜蓉，权作调料。宾客吃此鸡时，见是白中透黄，丰腴肥美，尝之又觉皮脆肉滑，特别是骨头越嚼鸡味越浓，不知此菜何以为名。陈师傅急中生智，随后答曰："白斩（切）鸡。"自此，白切鸡名播中山，享誉广东。广东传统习俗是无鸡不成宴，白切鸡成名后，被推为鸡肴之上品，成为广东筵席的定制菜肴。

吃鱼不见鱼

20世纪七八十年代，羹菜在广东很流行，但今时今日，新派粤菜推出的许多绿色菜肴，都是蔬菜羹的形式，因此传统的三蛇羹、西湖牛肉羹、肉丝浮皮羹已很少亮相，这使我们常常怀念，当年流行于珠江三角的一道羹菜——鱼茸羹。

相传明朝嘉靖年间，皇宫御厨郭欣因为力拒严嵩给兵部尚书赵桓下毒的阴谋，结果遭到严嵩陷害致全家遭殃，其女儿郭仪蓉只得带着婢女罗燕去南方投奔表哥于世龙。一路上，仪蓉与罗燕姐妹相称，路过中山驿的时候，在一家客店投宿。当晚在与女店主交谈时得知，女店主的父亲也曾在朝为官，并同样遭受到奸臣严嵩的诬陷，她才不得不与母亲在此地开店谋生。女店主还告诉郭仪蓉，前些日子，有一位叫于世龙的侠客刚刚遭到严嵩爪牙中山王的追杀，郭仪蓉的生路断了。双方讲完各自的身世，女店主便收留下郭仪蓉，郭仪蓉继承了父亲郭欣的厨艺，在店里一展身手，所做的菜肴多是原皇宫的美馔，但苦于原主料在民间实在难于找到，于是她便琢磨着弄些让百姓能接受的菜肴。

当时中山地带的人喝汤羹已成习俗，加上当地鱼品较多，郭仪蓉便就地取材，用嫩品豆腐和生鱼肉合在一起，创制了一种美味鱼茸羹，结果大受欢迎，此店的生意也红红火火。有一年，嘉靖的一位公主到中山游玩，中山官员盛宴迎接，席间有一道蟠龙菜，当地官员说，这是皇上最爱吃的"吃肉不见肉"的菜。公主听罢，出了一道难题说，今天是"吃肉不见肉"，明天我要"吃鱼不见鱼"。于是，厨师在当地官员的授意下，照做郭仪蓉的"鱼茸羹"。第二天，宴席上出现了一道菜肴，公主吃后顿觉鱼香满口但又不见鱼。公主惊问道："这是什么菜?"授意厨师制作此菜的官员答道，这就是按公主之意制作的"吃鱼不见鱼"的豆腐鱼茸羹。公主听罢大悦，对此菜赞不绝口。后来这道菜不仅传到了皇宫，在市井更加广为流传。

想当年，古人饮宴，能够创造"吃肉不见肉，吃鱼不见鱼"的奇异菜肴。靠的不是索引推敲，而是靠民间大众的食智，烹饪无定式。只要能撩拨起食客炽热的欲望，让美食破格而出，也是一种生活的美学。郭仪蓉的鱼茸羹一出，是那样令人惊喜。对食材的滥用，非但粗俗无趣，也是对自然本色的糟蹋。

但愿在美食遍布的岭南大地，不再看到甜咸混杂、油腥交错的不可救药。今人和古人一样，我们始终欣赏的是"吃肉不见肉，吃鱼不见鱼"的"似虚还实"的制作。

第六章　中国海鲜美食之都
——湛江美食

　　近三十年来，"吃海鲜"成了中国不分沿海内陆、不分北方南方的饮食潮流，但什么才是优质海鲜？什么样的生态孕育着什么样的食材？人们却知之甚少。我参加了中国烹饪协会对湛江申报中国海鲜美食之都的评审工作，获得许多有关湛江美食的第一手资料。

温水海鲜，口味鲜美

湛江地处北回归线以南的低纬地带，属北热带海洋性季风气候，年平均气温约 23.5℃，全年日照时数为 1894.8 小时，年平均降雨量为 1460 毫米。温暖湿润的气候使湛江四季长春，终年常绿，形成得天独厚的北热带植物生态景观。湛江三面环海，属半岛型，东边是南海，西边是北部湾，南边和海南岛隔着琼州海峡，海岸线长 1556 公里，有大小岛屿 56 个。湛江拥有中国最大的红树林群，中国最大的珊瑚保护区——徐闻珊瑚保护区，代表着湛江拥有中国独一无二的、良好的浅海生态环境。这样的地理气候环境，培育了丰富的食物链，特别是独特的海鲜食材。

海鲜因产地不同，口味也不一样，大体上分为冷水海鲜和温水海鲜。我国大陆多数地区处在温带和寒带，如处渤海湾及黄海的大连、青岛等北方沿海地区多产冷水海鲜，由于气候寒冷，水深浪大，海水中的微生物较少，鱼、虾、蟹、贝等个体一般都不大，肉质味道稍差。亚热带地区北至秦岭、巴蜀、长江流域以南，面积在 140 万平方公里以上，如上海、厦门、潮汕等地，海水中的微生物相对少些。而大陆上的热带地区仅有雷州半岛和云南河谷，面积不足 3 万平方公里。其中，湛江占了全国热带面积的 10%，且海岸线长，滩涂湖泊众多，海湾河叉内风平浪静，非常适宜盛产温水海鲜，在地理位置、海陆配置方面为世界少有，更有我国大陆上不可多得的北热带地区。由于气候温暖，海水中兼有光能自养、异养型和化能自养等多种营养类型，供鱼、虾、蟹、贝等食用的微生物相当丰富，这是其他海域绝对不可比拟的。

浅海海鲜，口味独特

湛江海鲜是浅海海鲜，口味独特。海南岛、西沙群岛等虽位于热带，但属于深海的海鲜，一般个体较大，饱满，但鲜味略差。九州、南渡河、湛江等江河水呈放射状，由中部向雷州半岛东、南、西三面分流入海，枯叶、花果、小虫以及泥土也被雨水带到了海里。

湛江有众多的海水和淡水交汇处，因此有许多海叉，东海岸沿海有海域平原，外缘多沙泥滩，并有东海、南三和硇洲等岛屿。西海岸具有高岸特征，多沙堤、湖泊分布。半岛南部海岸港湾众多，有红树林和珊瑚滩，雷州湾、英罗湾等滩涂广阔。湛江独特的浅海海域孕育了浩瀚的生物资源，且循环力量旺盛，各种珍稀的海洋生物充满生机和活力。

由于喜马拉雅运动，形成规模极大的构造盆地——琼雷凹陷。在盆地的第四纪更新时，沉积到底层中间或夹有玄武岩。当雷州半岛与海南半岛上升为陆地以后，火山继续活动，玄武岩又覆盖于第四纪地层之上。湛江拥有76座古火山遗址，火山玄武岩风化形成的沃土面积达3136平方米，受季风带来大量的雨水不断冲刷，湛江地表形成了纵横交错的千沟百壑，将火山沃土中丰富的矿物质、微量元素由中部向东、南、西三面分流入海。因而雷州半岛周边海域中的微生物，如碳源、氮源、无机盐、生长因子等营养物质比其他地方丰富得多，使之成了鱼虾的佳肴，这是中国大陆沿海独一无二、无与伦比的海洋生态。

优异生态出优异品质

湛江潮间带拥有中国最大的红树林群，浅海有中国最大的珊瑚保护区——徐闻珊瑚保护区，雷州乌石珊瑚区，以及渔洲岛珊瑚区，代表着湛江拥有中国大陆独一无二的、良好的浅海生态环境。优异的生态保证了湛江海鲜食材的品质和多品种，这是其他沿海地区不可比拟的。

在珊瑚群里，许许多多生物生活在礁环境共同组成的特殊生态系统中，这种生态系统的特点是海水清洁、温度适宜，生活在这种系统中的海鲜食材自然具有全国最优异的品质。

湛江海鲜美食是一种高品位的美食。世上爱吃的人多，研究吃的人却很少，古往今来，海内外都是这样。孟子说："君子远庖厨。"跟屠宰夫、厨师保持距离，他懂得的烹调学问自然有限。两千多年来，中国号称烹饪王国，但凡是带有一点研究性质的烹饪文献，满打满算，也就100多种，还是把《南方草木状》这样的植物学著作、《本草纲目》这样的医学著作都计算在内的情况下。在外国，情形也大致相同。比如最讲究绅士风度的英国，人们也是羞于谈吃的，因而林语堂挖苦地说："英国人并不承认他们自己有胃，除非胃部感到疼痛。"在湛江怎么样？许多人仍然只停留在高呼"好吃"、"美"、"就是美"的水平，没有去多想湛江海鲜美食里面的"所以然"。俗话说：知其然，更要知其所以然！

白灼创造优柔美

湛江的海鲜美食已历经千百年的沉淀、升华，并不断形成了自己鲜明的特色：

海鲜食材资源优质，许多品种和资源全国独有，无可替代。湛江的鲍鱼、龙虾、珍珠、对虾、石斑鱼、鱿鱼、墨鱼、膏虾、海参、蚝、螺等，均以极品档次成为美食家们难以寻觅的食物。如硇洲岛是一个在20～50万年前因海底火山爆发而成的海岛，盛产名闻世界的硇洲鲍鱼、龙虾等名贵水产。

选料鲜活。选料不冰鲜，过程不腌制，现杀、现烹、现吃、不停顿、不间隔，原汁原味保完美。

口味崇尚清淡美，口味力求清中求鲜，淡中求美。

烹饪保持原生态制作，多以清灼、水煮、煎及白灼的方法为主，并少放调料，务求带出食材最原始的风味。

湛江海鲜美食中的清鲜，是数千年文化积淀的结果。距今约14000年的新石器时代的贝丘遗址——遂溪鲤鱼墩，就是湛江海鲜饮食的潜在源头。西汉元鼎年间（前116年～前111年）海岸边打蚝的潜水采蚝，便是湛江海鲜饮食的发展。至今海鲜美食中的生蚝、鱼生、乃至鱼片粥、沙虫粥、沙螺粥、虾蟹粥等，便是古越人食俗的遗存。在中国烹饪中，鲜是水火辩证的同一，羊是陆产之阳，鱼是水产之长，鱼性近水，羊性近火，两者合起来之鲜完全符合"阴"中之阴阳之分的义理。而湛江海鲜选料鲜活，选料不冰鲜，过程不腌制，现杀、现烹、现吃、不停顿、不间隔，这种"白灼化"的烹饪技法将海鲜的"鲜"字真实体现并发展到极致。

湛江海鲜美食中的清淡，除了少盐，省用刺激性的调料外，还特别强调"清"，这里所说的"清"，至少包括了如下一些要求：保持原色原汁原味；不油不腻；突出主料，去其渣滓；突出主味，去其杂味。所以，湛江海鲜多用白灼、清蒸、煲汁、煲汤。例如沙螺汤，清道光癸末（1823 年）新科状元林召棠赋诗赞曰："瀹以蟹眼汤，吸之雪花瓯。入齿脆无声，坐令吾舌柔。"（《西施舌》）又如海豆芽，林状元亦赋诗赞道："釜热醋花红，刃薄姜芽雌。条冰碎有声，松风爽牙齿。沃以烧青春，能令此公喜。翻嫌过门嚼，真乃肉食鄙。"由此可见，湛江海鲜的清淡美，有着阴柔美的某些特征，优雅、秀美、婉约、沉静，这是一种诗意的美，令人回味的美，这种质朴自然的本味，能把人带进典雅、隽永的审美意境中。

曾经有一种观点，认为湛江饮食最大的特点既然是白灼，那岂不是等于湛江菜无烹技，因为白灼是厨房最简易的操作，殊不知，灼本身是传统烹技中的一种技法，经过湛江人近千年的提炼，现已成为粤菜的一大特色，粤菜中广府菜的白灼（堂灼）已成为酒楼最具观赏性的现场操作。

灼，是一种采用极短时间加热，使原料受高热变为初熟（刚熟）以保持原料自身鲜味和脆嫩质感的烹调技法。湛江人的灼法不是"烫熟"，而是蕴含深刻学问的一门烹技。

它有几个必须：

水必须大滚——猛火加热，汤水大沸方可下料。

水再滚必须起捞——质地脆嫩的原料经不起高热折腾，当下料后水再滚必须捞起。

必须根据水温和肉料把握时间——有些肉料要显现美观的刀花形态就要高温和花费稍长时间，易熟身薄的肉料，水温可稍低和花费较短时间。

灼料必须使用清汤——无论是灼蔬菜或肉料，都要用汤，鲜美醇香的清汤。湛江白灼中的白，是指不用其他烹法，仅用灼，而不是用清水去灼。清汤一般不调味，以保持汤的原味和灼料清鲜的美味。

灼菜必须配以合适的佐料——白灼不是"白吃"，它要根据不同食物配备不同佐味酱汁，如白灼响螺片配虾酱，白灼鲜鱿鱼配蚝油，白灼海虾配特级头抽。

湛江人的白灼烹法，从本质上与粤菜的特点即鲜、嫩、爽、滑保持一致，甚至使之达到最好状态。人们喜欢白灼，就是喜欢灼后食材变得脆嫩、鲜美、清爽的优势为其他烹法所不及。广东饮食特点中的广博、新异、华美六字，湛江美食算不上广博、华美，但白灼技法在简单中见技艺，在灼熟中出美味，至少算得上是新异吧？

第七章　岭南水果入馔成粤菜佳肴

广东人热衷于原生态食材，推崇原汁原味，酷爱新鲜，除了味道因素外，广东人一向认为，高度加工的食品，是真正的健康杀手。他们害怕高糖、高盐、高脂肪，而高度加工的食品，正是这"三高"的制造者。在今天，"糖"已经成为经过深加工、无营养、高热量的甜味料的代称，包括食糖、高果糖、玉米糖浆以及一些号称的代糖如浓缩果汁等。在加工过程中，精制的碳水化合物在体内可迅速分解为这种高热量的甜味料（糖）。

广东背靠五岭，面临南海，是水果王国，除了热衷于把原生态的时令水果作为日常的美味食品外，广东人把花果入馔，创造众多广式名菜，就是为了保证水果不被深加工。大家所熟知的粤菜中的荔枝虾仁、菠萝牛肉、柠檬蛇羹、梅子烧鹅、芒果鱼柳、椰子炖鸡等都是用新鲜水果为食材，烹制出具有浓郁地方风味的名肴，这些菜肴把水果作为原生态的食材，而水果所含的果糖和葡萄糖是健康之糖，特别受广东人称道。

四大名果的广东菜肴

广东四大名果——香蕉、甘蔗、荔枝、菠萝——各有传统菜肴数十款，它们既和合四时，又新奇多变，一直是餐桌上广东人的至爱。

在粤菜中，选择菠萝作食材的菜式多得数不胜数，菠萝在岭南有两大类，地菠萝和树菠萝。用地菠萝入馔的菜式有著名的菠萝牛肉、菠萝鸭片、菠萝珍肝等。地菠萝具有甜酸混合至令人心醉的野味，是岭南独有的水果，它可以和猪、牛、羊、鸡、鹅、鸭等禽畜的肉（片）生炒成香味四射的"小炒"，它和肉片分炒，只需在肉熟后与蒜蓉、青红椒丝入镬略炒，然后与各类肉片葱段调入芡汁炒匀即可上碟。成熟的菠萝易碎，不宜切成薄片，要切成扇形小件。菠萝的果酸浓郁，芡汁要加少许白糖。用菠萝为伴料的小炒，酸甜醒胃、爽滑可口。地菠萝在广东餐桌上应用得非常广泛，除了直接入菜，许多菜肴的造型，都选用菠萝，特别作为围边，菠萝件往往最受欢迎，它被"清光"得比正菜还快，可惜今天为图省工省本，围边造型大多以黄瓜之类的蔬瓜替代，但愿这种现象不成趋势，避免使广东果盘蒙受委屈。

荔枝是岭南佳果之上品，粤菜中用荔枝入馔的菜肴虽多，但因为荔枝季节性强，所以只能在有限时间内让鲜荔枝登场。广东增城是闻名中外的"荔枝之乡"，20世纪90年代增城宾馆推出由十三道菜组成的荔枝宴，轰动海内外，其菜单为：

冷盘：荔味乳猪件

汤：荔枝干炖野生水鸭

热菜：荔枝海鲜盏　　西可荔枝球

　　　荔枝麒麟鸡　　香荔东星斑

　　　挂绿赛龙舟　　清蒸靓咸鱼

　　　四宝荔枝时蔬

主食：荔城特色炒饭

甜菜：荔枝汁炖官燕

甜点：荔枝果冻

水果：荔枝果篮

荔枝全宴推出后，港澳人士慕名而来，一时名声大噪，皆因那新鲜荔枝出壳除核后荔香扑鼻，入口更是清爽软滑，回味无穷。荔枝宴中有一道似乎与荔枝无关的菜"清蒸靓咸鱼"，据民间经验，啖荔枝后容易上火，但喝淡盐水或吃咸鱼可中和消减荔枝的燥热，解除"一粒荔枝三把火"的忧虑。足见广东人对"上火"的敏感和"下火"的经验之丰富。

在广东，水果入馔不仅在菜肴上表现得出神入化，在点心的制作上也是如此，水果派上了大用场。粤味十足的点心小吃，在广东的茶楼上广受点赞，屡获好评。作为广州早茶十大天王之一的肠粉早已落入寻常百姓家，大街小巷，食肆排档，早餐的品种多如牛毛，但都少不了肠粉这一地方小吃。作为早餐的肠粉，多是传统的，大多数拉肠都是肉肠、蛋肠或斋肠。用水果作拉肠的"肠芯"，是现代厨师悉心创造下的新思路。

广州有一家东南亚餐厅推出一款芒果肠粉，雪白的外皮，包裹着厚实金黄的鲜芒果酱，一看卖相，就知道这是小吃家族的特殊成员，它不仅拥有华丽的外表，而且外皮掺合了椰奶粉等泰国进口的粉类，这是它的出众之处。入口先是舌尖感受到芒果肉和椰奶的柔滑带来的清新口感，随即厚肉又多汁的肠粉慢慢充盈口腔，使人如同品尝雪糕，绵绵的，鲜美的感觉在口腔中蔓延。

水果不仅在菜肴中充当独特的角色，用水果做点心，广东也颇具心思。老字号酒楼陶陶居，近年来推出的榴莲酥，将东南亚特产榴莲与传统广东的"酥"式点心融合在一起，既时尚，又具独特风味。广式"酥"的一般做法是把面粉、猪肉和成油心，在面粉内放入水和糖摇匀，搓至成水皮，然后用水皮包住油心，捏紧收口包好压角卷成筒状，再压卷扁起，擀成圆形，包起榴莲肉，捏成雀笼形，用剪刀把表面剪成尖形，放入 160℃ 的油锅中炸至金黄色便可。榴莲酥作为新派广式点心的代表，一推出就受到新生代的欢迎，那浓郁的榴莲芬芳嚼后令人回味无穷。

新招迭出的广东素食

广东素食专家梁鸿图有言：现代的中国素食，不但汇集前人各派素食的优点，同时由于科学进步，汲取了异国的饮食文化，再加上环境保护意识的兴起，素食之风不但方兴未艾，而且作为一种健康时尚，已经被越来越多的人赏识和接受。广东的素食虽然流行面还不算大，但它最大的特点是秉承传统，锐意革新，古为今用，推陈出新，一切为了健康，一切为了和平。广东素食的哲学思想也较为浓重。素食人士认为，食素是和平幸福的决定条件。"千百年来碗里羹，冤深似海恨难平，欲知世上刀兵劫，但听屠门夜半声。"杀生是斗争的开端，是痛苦的根源，因为因果不虚，报应无差，轮回偿报，无有休息。所以，为了幸福，为了和平，他们提倡素食。

广东素食之集大成者是广州老字号酒楼菜根香，它云集了广东素食的大厨，烹饪出素食之佳品，在省港澳地区均享有盛誉。菜根香吃素馆把佛道教中的"荤"作了深层次解读，遵守佛教把大蒜、小蒜、慈葱等均列为"荤"的戒规，也尊重道教把韭、蒜、芸苔、芫荽等定为禁食的"五荤"，在斋菜中绝不使用以上植物。同时，"菜根香"将南朝梁武帝的创举（用面粉洗去淀粉后得到的面筋来做菜）吸收吃透，把面筋系列演绎得出神入化。他们把面筋做成几十种菜，每种菜可以做十多种口味。菜根香的招牌菜叫鼎湖上素。

鼎湖上素历来是广州名菜，它既是广州四大酒家（文园、南园、西园、大三元）的代表菜，也是广州"菜根香"素菜馆的代表菜。它始于清末，原是鼎湖山庆云寺的素斋菜，该寺一位名僧，为了满足一些上山游览的宾客的需要，特取用"三菇"（北菇、鲜菇、蘑菇）、六耳（云耳、黄耳、石耳、榆耳、桂耳、银耳）作主料，每种菌类各有其特殊口感。除了石耳、黄耳、榆耳和最名贵的野生竹笙不具有香味外，其他的菌类都带有各自的香味，烹制时老和尚加上鲜笋、银针、榄仁、白果、莲子等珍贵食料，用芝麻油、绍酒酱料调味，逐样炖热后再排列成十二层山坡形上碟，由于烹制时带香味的菌和无香味的菌融合在一起，加上素上汤的扶持，其层次分明，鲜嫩爽滑，富有营养，色香味俱佳，被列为素斋中最高上菜。20 世纪 30 年代，广州六榕寺的"榕阴园"曾经营过此菜，开设在六榕寺附近的西园酒家老板，专程前往鼎湖山寻找老和尚，取得真经，使鼎湖上素名声大噪。后来，菜根香素菜馆的鼎湖上素因用料与制法更加考究，几十年来一直名扬天下。日本、港澳地区的素菜馆有不少同行都前往切磋技艺，各处佛教人士经穗必到此店，西欧、北美及东南亚诸国共有五十多个国家和地区的宾客也慕名前往品尝。

影响如此深远的鼎湖上素，今天已不见真传，各酒家以罗汉斋菜的名义，用云耳（木耳）、百合、鲜菇、金针、淮山等素料炒成一碟，不仅没有把"三菇六耳"融为一锅，更不用说用野生的竹笙和张家口的蘑菇了。鼎湖上素的烹技在于用盘菜形式从碗部向上，依次分层，每一层一种原料，摆一圆圈排好，余料放入碗中填满雪耳。雪耳依次由里至外镶边，桂花耳放在最上面，对此，我们更不敢苛求了。

素食紧跟潮流，与时俱进的风格十分突出，像"什锦珍珠花菜"将现代时髦的蔬菜红萝卜、山药、豌豆、椰菜花等融于一碟，操作简易，先把椰菜花、玉米、豌豆焯烫，后将红萝卜、山药去皮切丁，烧锅下油，把姜片爆香，放入红萝卜丁和山药丁翻炒片刻，再加入花菜，放盐和生抽，炒至入味，最后加入玉米粒、甜豌豆粒炒匀即可起锅。此素食没有用传统素菜中的干菜，如豆干、面筋、粉丝等，全部使用新鲜菜蔬。味道鲜美，颜色艳丽，很受年轻一代的喜爱。

在粤菜大系中的广府菜系里，素食在近年来都变得时尚，如甘笋腐竹炆蘑菇，腐皮生菜卷等，也有不少创新的素菜因富有养生功效而大受欢迎。广州近年许多大妈为中考、高考的子女们煮蚕豆米冬瓜汤，此汤没有一丝肉料，用的只是鲜蚕豆、枸杞和香菇、冬瓜。大妈们先把蚕豆洗干净，去皮，冬瓜亦去皮，洗干净剜成球形；起锅热油，放冬瓜煸炒，再放入蚕豆，香菇继续翻炒出香味，加清水大火烧开，煮到冬瓜呈透明色，加入枸杞，最后加盐调味即可。坊间流行蚕豆含有调节大脑和神经组织的重要成分，有增强记忆力的健脑作用的说法，这对不喜肉类的 90 后而言，是一道经济实惠的美妙的素食。

佛跳墙虽然不是广东首创，但在广东知名度却很高，在高档酒楼长期作为名肴被列入贵价菜行列，但用料却百搭百变，没有权威的标准。在素食潮流中，广东人创造了素佛跳墙，很有新意。该菜使用的原料是烤麸、香菇、竹笋、魔芋粉丝或者普通耐煮的红薯粉丝、胡萝卜、金针菇、素鸡（素鸡可用豆腐皮做，也可用买的素鸡或老豆腐代替）和冬瓜，配料还有荔浦芋头和混合蔬菜，另加黄豆芽、香菇和酱油、醋、糖。

素佛跳墙虽然为素食，但其烹饪过程亦相当讲究。先用黄豆芽和香菇加一定的水熬制素高汤。至少要30～40 分钟，然后过滤，清汤加盐和味精调味留用。将切成麻将块的荔浦芋头过油炸熟，保持外硬内软，然后把烤麸过油待用。在砂锅内铺上炸过的芋头，再将所有主料一次摆放成型，可以多铺一次主料。向碗内注入高素汤直至刚刚没过主料。上笼屉大火至上气后转中小火，保持上气状态蒸一个小时，使所有的材料都入味，勾芡浇在成菜上即可。

像素佛跳墙这样时尚的素食，在广东还有三杯杏鲍菇、茶树菇拌裙带菜等。素食的地域特点虽然不是很突出，但还是有界别，如京味素什锦，虽然所用的木耳、香菇、腐竹、芸豆、莴笋、胡萝卜、马蹄、栗子、榨菜、冬笋、枸杞子、生姜，广东都有出产，但如此众多的什锦成一素料杂烩，这就不是广东风味而是典型的京味。

　　至于像香辣海带丝一类的小菜在广东餐桌大受欢迎的原因，是广东人对味的喜好有较广泛的兴趣和适应力。但很多市民认为，他们吃辣的也好，吃醋泡的也好，之所以爱海带，首先因为它是素中之精品，这种崇素的心理特质使人们对素食特别钟爱。广东人对富含维生素 A 或胡萝卜素的食物爱不释口，达到百吃不厌、日不离口的迷恋，往往令信奉"只要吃得起，就不必难为自己"的老饕们汗颜。

原味风格的广东酱菜

倡导"裸烹"已成为世界烹饪的时尚，广东调味品行业多年来致力于发展美味、健康、安全的岭南餐饮文化，倡导"裸烹"亦即是还原食物的原味，体现食物的本味，力求用纯天然的原材料，用非合成的自然加工工艺去生产调味品。生产的调味品天然安全、使用便捷。使用调味品，人人都能烹出天然的美味，而且烹出的食物没有香精味和味精味，保持食物的原生态味道。广东坚持保持食物的原生态味道，还原食物"本味"，倡导绿色饮食的观点，被人们称为"本味"，广东生产的调味品味道也被人们誉为"厚道"。在广东人看来，这个厚道代表的就是味道醇厚，突出原味。这是调味品的最高境界。

广东酱菜，南派风格。

酱菜是中国独有的佐餐食品，东西南北中各地都有生产，特色风格中有异，但即使同地也各有各法，都有个性化的拿手名品。中国酱菜历史悠久，如要追溯起源，时间可倒回到公元前 1058 年。当时西周的周公旦写成了著名的《周礼》一书，其中分天官、地官、春官、夏官、秘官、冬官六篇。据《周礼·天官》记载："下羹不致五味，铡羹加盐菜。"所谓羹是用肉或咸菜做成的汤，由此可进一步证实盐渍菜的历史。

中国的传统酱菜有东西南北口味之分，根据不同的气候条件和饮食习惯，形成了南甜北咸、东淡西辣的地区风味特色。北方的酱菜多偏咸，多以北京口味为代表，岭南酱菜则以甜酸为代表，而广东生产的酱菜正是以甜酸为代表的传统广式酱菜。

传统的广式酱菜，是南派酱菜的代表。

传统广式酱菜最大的特点是要经过漫长的腌制和自然发酵过程。以甜酸荞头为例，它的生产季节性相当强，需要在芒种后10日内完成荞头的收割清洗、入池低盐腌制，腌足100天后才算熟透，才有南派酸荞头的风味和口感。前期用低盐腌制，是为让乳酸菌发酵，把荞头内的某种物质转化还原为糖，带出甜味，后期则采用优质的白米醋浸泡保存，在后期醋酸菌、乳酸菌混合发酵形成多种有机酸及脂类物质，带出一定的微香味。在这整个过程中，荞头在传统制法下表现出独有的生命，在混菌的不断生长中，荞头由微妙的变化走向美妙的变化，风味成熟后，广东的甜酸荞头吃起来既有甜酸味，又有独特的荞香味，在沿海地区久负盛名。广东传统腌制的秘诀有两条：一是抓季节，原料新鲜、合时。收购荞头抓住芒种10日后收割，清洗、分拣、剪尾后入池腌制，这段时间可用争分夺秒来形容。又如酸梅，也必须在清明时节采摘，确保新鲜；二是抓前期的低盐腌制，有些企业为了求成熟快，在前期采用高盐腌制，企图以高盐来抑制荞头乳酸的发酵，说白了就是用高盐把荞头腌死了，缺少乳酸发酵的环节，这样一来，虽然方便后期调味，但因腌制时间不足，未经乳酸发酵的荞头不能产生还原糖，也就无法产生甜味。

广东优质酸荞头前期的腌制，首先是选好荞头，避免用增爽剂、漂白剂来破坏食物的原生态，然后用食盐进行低盐腌制。先用食盐对材料进行搓揉处理，让盐分充分渗透进去，搓出水分、融化盐分，然后一层食盐一层食材，用食盐把主材全部掩埋起来，一层层密密地排放在池中，排放一定要压实，不能有空隙，最后在表面上再铺一层盐。酱菜是一种边缘化的食品，想要做出名堂，要有恒心、信心，还要有耐心。广东传统的酱菜无论是白糖荞头还是香辣萝卜，都是传统工艺耐心腌制的产物。白糖荞头爽脆可口、酸甜适中，含有丰富的矿物质、粗纤维和胡萝卜素，香辣萝卜由优质萝卜精心制作而成，风味独特，香脆可口，香辣中带出清甜，爽脆中又透出一股嚼劲。

广东酱料市场的"特曲头抽"是广东的酱料公司这两年来推出的一款颇具颠覆性的产品，"特曲"与酱油有什么瓜葛呢？"特曲头抽"的"特"就特在它的"曲种"，经过脱胎换骨的改良，同样的原料，同样的酿造工序，却得到与一般的生晒酱油完全不同的效果。

经考证，改良后的曲种，发酵更为充分，酱油的香味更为浓郁，色泽更为纯正。经过分析测定，与一般的生晒头抽相比，"特曲头抽"在所有指数上都有所提升，比如还原糖增加了50%，氨基酸态氮增加了20%。其色泽金红透亮，鲜香浓郁，回味绵长，而且倒在杯子里，就像优质的高度白酒一样，明显有"挂杯"的痕迹。用它捞饭，可谓干鲜香醇，很容易让岭南人勾起童年的回忆——豉油捞饭，一饭难忘。

在品尝过"特曲头抽"后，不少消费者感叹：一瓶酱油卖到几十元，贵是贵，但物有值，因为"特曲头抽"风味独特，品质优秀，是"捞饭"酱油的不二之选。

广式调味料的源头是什么？白米醋。白米醋被公认为南方所有食醋及调味料的源头。目前市场上充塞的白醋大多为勾兑货，用这种假劣的白米醋做粤菜，怎能使粤菜活色生香？因此，广东个别酱料企业家有一个割舍不断的情结——用最传统的手法去酿造出一种新米醋，将广式食醋传统酸度的 3.5°提升到 5°以上。在业内同行看来，这种想法是天方夜谭。因为国家标准的白米醋的醋酸度也就是 3.5°~4°，要造出 5°的白米醋，技术上很难过关。有些生产厂为造 5°的白醋，技术上不精又想降低成本，以食醋精加以勾兑，制作出来的米醋不但没有营养，也失去了自然的米香味。现在市面上很多 4°以上的白醋几乎是勾兑增酸而成。

通过摸索，认定只有用糙米代替白米酿造出糙米醋，才能鲜活生猛，并使酸度达到 5°以上。白米酿造的醋，有一个弱点，那就是米的香味不够，而糙米是除外壳都保留的纤维，不仅比白米更有营养，而且有一种独特的香甜。在酿造的过程中，技术人员坚持绿色环保理念，酿醋所用的水来自无污染的山泉水，所用的糙米来自无污染的山区，酿醋所用的缸，具有50年的酿龄，酿醋的醋种，起码有20年的生命。正因为如此，糙米醋才会被人们誉为有生命的醋。

传统酿造的广式米醋都采用静缸发酵，即入坛后不要移动酿缸，因为此时的坛内，醋菌正发酵旺盛。由于采用糙米并延长了一倍的发酵周期，调整了发酵的温度、醋种的比例，从而进一步激活了醋菌的发酵能力，令酿出的糙米醋带有微微的甜香，香气更好，营养更丰富。100年前的酿造工艺，50年前的酱缸，20年前的醋种，独特的配方和开放性思维，使广式食醋的传统酸度3.5°提升到5°以上，并以糙米代替白米，从而创造了醋业酿造史上的奇迹。以"古法酿制"的糙米醋刚一问世便引发调味品行业的强烈关注，不少饮食行业的前辈感叹："这才是有生命的醋，这才是真正的'广州味道'。"

食材的原味，大多是单味。所谓烹调，就是把众多单一食味的食材混在一起，通过"调"把味调正，即和谐起来，而这调味的"师傅"首先来自调味酱料的功能单一，所以厨师在烹饪过程中先选择主味调味料，然后把它与调味料和谐相融才能产生美味。这就要求生产酱料的公司能生产丰富的调味酱汁，形成调味酱汁系列，通过酱汁的调和，从而产生适合众多消费者口味的佳肴。广东的一些酱料公司秉承了传统广式酱汁的制作工艺，纯正酿制，原汁原味，无论是烹煮焖炸，还是点蘸拌捞，都让佳肴风味相宜。

到目前为止，广东调味酱系列产品已有 XO 酱、冰花酸梅酱、海鲜酱、原油面豉酱、柠檬酱等几百个规格的产品。在这里特别值得一提的是广东的"拌饭辣酱"，此辣酱以广式辣酱为基础，又融合了东西南北辣酱的优点，在突出辣的同时，更突出一个鲜字。无论是拌饭还是拌面，都让人欲罢不能。可以说，广东的拌饭辣酱，在很大程度上逆转了人们对广东"不懂辣"的偏见。广东辣酱不仅辣得有味，而且辣得鲜活，辣得丰富，辣出了辣酱有滋有味的风采。正因为"拌饭辣酱"这种广式辣酱风味，在很短时间内就成为广东人所认知，为全国各地喜辣的顾客所认同，推出不久后就成为市场上的抢手货，许多顾客认准招牌购买，把它称之为"一试难忘的好辣酱"。

谈到广式调味料，我还有两个典故和大家分享。

广府菜集海南、顺德等地方风味而成，其中顺德的"凤城炒卖"和佛山的"柱候食品"是广州菜的典型代表。梁柱候本是佛山祖庙一带专门制作卤水牛什的熟食小贩，熟谙各种卤制肉食的知识和技能，所制牛什味厚香浓，深得食客青睐。后被佛山三品楼老板看中，以重金聘为厨师，梁柱候刻苦钻研，提高厨艺烹制食物饶有风味，以致三品楼的磨砂玻璃上被写上"三品楼、三品楼，啧啧人言赞柱候"的佳句。话说当年三品楼附近的佛山祖庙游客众多，食品常供不应求。当一群老顾客来吃夜宵时，除了几只活鸡外，店里已无其他可供食用的原料。梁柱候急中生智下油将豉酱炒香，再下上汤把鸡慢火煮沸，将原汁调味推芡淋上，然后斩件上碟，由于鸡的制作新颖、色味俱全，被食客大为赞赏，第二天仍争着前来品味，并以"柱候鸡"命名，使柱候之名不胫而走。

由于三品楼越来越兴旺，用手工压面豉酱不敷应用，就改用大石磨加工，产品不但自用，还批发销售，后被酱料业吸收专业产并以柱候名之。而梁师傅则在柱候鸡的基础上，创造了柱候鸭等数十种菜式，成为了粤菜中一大类别——柱候食品。今天，柱候食品仍以味鲜肉滑、豉味香浓的风味见称，深受珠三角及港澳地区人士的喜爱。

广式调味料最有岭南特色的莫过于咸虾酱、面豉、豆豉和榄豉。咸虾酱是广州名菜"大马站"的主调料，而"三豉蒸三文鱼头腩"更是具有浓烈岭南特色的广府菜。

所谓"大马站"，其实就是咸虾酱炆烧腩豆腐。话说清末张之洞任两广总督时，一日出巡，经过交通要道的"大马站"（原在中山五路，今已拆），嗅到路边大排档冒出扑鼻的咸虾香味，便命随从询问浓香扑鼻的是什么菜？随从不会广东话，获得的答案是"大马站"，可能是被问的误认为问这里是什么地方。第二天，总督想吃"大马站"，大师傅茫然不知，后来才弄清楚是市井百姓常吃的咸虾烧腩煮豆腐韭菜，该菜因获总督欣赏，从此成为名菜且名之为"大马站"。"大马站"烹调的秘籍在于选好咸虾酱，最好是东南亚的，因太阳够猛，咸虾酱晒得好才不会有臭味。大酒楼里"大马站"做得好的不多，因为多炒镬急火，虾酱一爆即焦，豆腐也难以吸收虾酱的鲜香，可先用少许姜片和蒜蓉，适量生油同时放入瓦罐，让生油把姜片炸至微黄，则油里已有姜和葱的味道，然后放入虾酱，慢火爆三分钟，然后加入豆腐，烧烂、滚熟，翻匀后再慢火滚十分钟，水分变了汁，加入韭菜拌匀，煮至韭菜半熟为度。由于烧腩是经过腌制的，烧的是甘香食物，再和虾酱的香鲜味合流，就会产生极具诱惑力的异香。

广州人识食，所以吃三文鱼专拣头腩，三文鱼头骨软皮滑，鱼腩丰腴甘香，以豆豉、面豉和榄豉蒸之，是下饭的好菜。广州人蒸三文鱼头腩的窍门是：三文鱼不受姜，因为下姜后会有泥味；豆豉和面豉要先炖好；榄豉要加酒和糖蒸软；要加陈皮和蒜蓉。对此等窍门的掌握，据说广州的师奶比酒楼的厨师还略胜一筹。

106

宁可食无肉，不可无靓汤

在广东，人人爱喝茶，家家煲靓汤。我们说中医已融入到了广东老百姓的生活之中，是因为广东人爱喝的汤和茶，早已融入了中医的精髓。早年广州人饮早茶，非常讲究医道。中医讲寒热湿凉，寒体的人适宜饮红茶、黑茶，热底的人适宜喝绿茶。白茶、青茶平和，介于两者之间。可惜茶楼提供的茶叶大多只有普洱、寿眉、红茶、铁观音等几个品种，寒体的人倒易找到心仪的红茶，热体的人在茶楼就只能选菊花，而普菊（菊花加普洱）则被人看作为不温不火的中性茶。

按中医学理论，饮食之物都有温、热、寒、凉、平的性味，还有酸、苦、辛、咸、甘的气味，而五味可养五脏之气，少则补、多则伤。食物不仅可以果腹，给人予营养，而且都有保健之功，可以用来养生。广东对饮食养生的习俗，突出地表现在"老火靓汤"上。

广东人特别讲究以正驱邪，但如果正虚，则先需要根据正气虚损的程度加以调补。为了补充正气，广东人在炖汤和老火靓汤中积累了丰富的经验，并代代相传，普通的家庭主妇对脏腑气血阴阳偏虚症，都懂得用人参、茯苓、白术、甘草、当归、川芎、熟地、白芍等炖汤进行气血阴阳互补，所配的食材一般都是瘦肉和鸡。在家庭的药膳中，因症施治，实行个性化炖汤。我们会经常听到大妈制作的药膳心得：气虚者宜用人参、白芪炖鸡类；血虚者宜用当归、首乌、熟地、川芎炖羊肉。治大国如烹小鲜，我们把中医理论中的"虚不受补"广泛地应用到人生哲理和社会生活中，自然就会明白中气虚者必须治虚，治虚是治标，身虚就不能乱补、大补。我们的经济发展速度必须服从国家的"体质"，我们的民主进程也不能乱用"西药"。广东人用辨证施治的哲学，用渐进慢补的方式去强身健体，不仅展现了广东人的智慧，也符合广东人寓养生于日常美食之中的生命逻辑。

广东人喝汤的器具叫做汤匙，汤匙必须是陶瓷做的，用金属做的匙，我们称之为勺，是吃西餐时用的。中餐筵席之所以也配匙，是为了盛颗粒大小的食物，广东人不会用金属勺去喝老火靓汤。在筵席中，如果是"位上"的分餐，那汤料不会分入汤碗中，但至今广东酒席上仍配有汤匙。客人喝汤，尽管全是流质的汤水，也用汤匙去喝，而且汤匙为了典雅，形体也较小，不断地搅动使汤未喝至一半就已凉了，失去了热汤的最佳口感。反观日本人喜欢的汤类食品，是清汤和酱汤，多盛于漆碗中，与陶瓷或金属汤匙都不匹配，如使用金属汤匙会因其硬质而损伤漆碗，最终形成了端碗直接喝的习俗。正因为如此，在日本的饮食文化中得以发展了漆器和筷子文化，而在中国，特别是广东，却发展了汤匙文化。喝已去渣的汤还要一勺一勺地来，据说这是斯文的表现，但在我看来，还是虚伪的成分高于文明的成分。

广东人很早就讲究善用"水材"，儿时我的母亲就经常托人到广州白云山取"龙泉水"煲汤，当年广州老字号酒楼陶陶居每天都派水车到白云山取泉水泡茶。今天，用靓水煲靓汤更成为时尚。广东的许多大妈退休后不仅每天到白云山爬山健身，更要顺道取两三大瓶泉水回家煲汤。许多酒楼也把用泉水煲汤作为金漆招牌。因为矿泉水中含有丰富的矿物质和微量元素，而且属于小分子用水，易于汤料中有限成分的溢出，容易被人体细胞吸收和利用，亦有利于细胞代谢废物及毒素的排出，是靓汤中鲜味和养分很好的载体。在广东人的心目中，没有好水就没有好汤，对水质的追求，使有条件的家庭都不会使用自来水煲汤，这不仅是出于养生的考虑，更多是出自口感的考虑。广东人对汤的感觉一如对其他食物的感觉，但对汤的评判更为敏感，只需几滴汤碰触舌尖，就能分出优劣，这样完整地利用舌尖功能的地区，实在奇特。当我看到广州白云山附近的人挑着大罐小罐去"抢水"的人流，我心里总是五味杂陈："这是对养生的时尚追求呢，还是对大都市破坏自然生态、污染食水的抗议？"

有人把广东的老火靓汤称作为伦理的网络、液态的亲情、流质的幸福，许多家庭都有独特的祖传或属私房的汤方。在广东，汤水是奶水的延续，所以儿女渴望亲情时必会想到喝妈妈的老火靓汤；丈夫留恋家庭生活的温馨，就会放弃应酬回家喝老婆汤。20世纪

80 年代，始于香港地区、盛行于广东的"阿二靓汤"就是源于当年的"二奶"（小妾）为了留住男人精心研创出煲汤秘籍，所煲出的精致、美味、营养的汤品。精明的商家以"阿二靓汤"为噱头建起了许多汤馆，风行于粤港澳地区，热闹到世纪末。

老火靓汤是最佳的食疗补品，你只要按节令规矩奉行如仪，你就一定会有口福、有体福。衣衫可跨季，但在广东饮汤绝对不能改时令，因为广东把春天的汤看作升汤，夏天的汤作为升补汤，秋天的汤作为平燥汤，冬天的汤作为滋补汤。由此而形成的煲汤用料的习惯也百年不变，几乎成了千家万户共同遵循的习俗。比较定型又为家庭主妇喜闻乐见的有：

夏日：冬瓜、薏米、眉豆煲猪骨；

冬日：西洋参炖竹丝鸡；

去火：咸鱼头煲菜干、咸猪骨煲大芥菜；

去湿：木棉花、棉茵陈、赤小豆煲瘦肉；

止咳：南北杏煲猪脚、雪梨炖川贝；

滋阴：淮杞炖水鸭；

润肺：西洋菜炖陈肾。

而最常见的保健汤为红萝卜、西红柿、马蹄煲猪骨（瘦肉、猪月展）。

直到我高中毕业，家中的晚餐几乎天天都有汤。我是被汤浸大的，从小看着母亲煲汤，慢慢知道了煲汤要讲究水质优良，讲究水料之比，讲究大火烧沸，小火慢煲的基本原理。但是对按节令煲汤，按体质煲汤，讲究药食同源是长大后才能讲出道道的。至于如何做到滚汤——清澈，煲汤——醇厚，炖汤——浓郁，在广东大妈面前，我永远都是难于出师的学徒。广东人"宁可食无肉，不可饭无汤"的饮食习俗，造就了无数家庭烹汤高手，"寓疗于食"的理念使广东的许多老火汤已近乎药膳，但它又绝不会像元代的御膳，凡菜皆有药，无论如何，在广东，美味永远都是放在第一位的。

粤菜的鲍燕菜和食神江太史

干鲍是粤菜之极品，五六头的日本吉品鲍、窝麻鲍不仅价格昂贵，而且市场缺货，我们今天大啖鲍参翅中的鲍，大多是鲜鲍，上等的干鲍已难觅其踪。对待干鲍长期以来有三个盲点：一是不知鲍鱼历史上被称作臭腌鱼；二是不知吃鲍鱼的核心是调鲍鱼汁；三是不知吃干鲍吃"边度先（哪里先）"？一定要先吃"边"。

鲍鱼也称鳆鱼，它不是鱼，是贝类，但自有文字记载，它就以鱼称之。鲍鱼的原文本是臭腌鱼。秦始皇病死于沙丘，起了政变之心的赵高秘不发丧，但又怕走漏风声后天下大乱，于是让人用若干鲍鱼掩盖尸臭。《史记·秦始皇本纪》："会署，上辒车臭，乃诏从官，令车载一石鲍鱼，以乱其臭。"以臭腌鱼掩盖尸臭。当然，此鲍鱼不是彼鲍鱼，但后人一直把死鲍鱼作为臭腌鱼传播，有位叫刘向的人甚至说："与不善人居，如入鲍鱼之肆，久而不闻其臭，亦与之化矣。"不管怎样，鲍鱼作为海八珍很早就走上国人餐桌，汉代王莽篡权建立新朝，后形势不利，每天不思饮食只以鲍鱼下酒，三国时曹操是鲍鱼的粉丝，他死后二子曹植找来干鲍二百枚在墓前祭拜。

广东人吃鲍鱼最讲究调鲍汁，大师级的鲍鱼师傅都有自己调制鲍汁的秘籍，从不使用公共的调味鲍汁。

每个师傅的品位不同，所以调制的鲍汁在风味上很大差异，但都离不开用火腿、瑶柱等混合高汤调出。广东传统名菜蚝油网鲍，是用广东惯用的蚝油作调味汁。由于广受欢迎，以后粤式干鲍调味汁都是在蚝油的基础上改良演变。

自从阿一鲍鱼风行中国内地以后，阿一就不断推广其"吃鲍鱼先吃边"的吃鲍程序法。阿一认为杰出的干鲍都有溏心，这是鲍鱼在生晒时形成的，溏心软糯有如年糕，鲜美无比，吃干鲍应先用餐叉将整只鲍鱼叉起，先从边缘小口品尝，逐渐蚕食至中央部位，此时，软糯香鲜的溏心，绝无杂质，不受干扰地保证完美。有些豪客拿刀叉把干鲍切成片状，哪是斯文的"绅士"姿态，恰恰表明他不是吃干鲍的行家。

20 世纪八九十年代，广东先富起来的那群食客把干鲍鱼称为极品。北方做粤菜的，如果不懂做日本干鲍鱼，那肯定没资格坐主厨那位（广东叫法不一，有叫厨师长的，也有叫大厨的）。当时日本干鲍在广东称雄，尤其是吉品鲍、窝麻鲍和网鲍三个品牌。吉品、窝麻那是地方的名字，不同地区晒制干鲍的方法不同，如窝麻鲍，鲍身左右旁有两个小孔，是穿起来晒的结果，窝麻鲍身较吉品扁薄，但其溏心比吉品还要软糯，而且溏心大、劲道足，食家认为很实在。广东使用干鲍用"司马秤"计算，俗称旧称，新称一斤等于 10两，旧称 16 两。干鲍则用一斤有多少头（只）来评价其质地。如果一斤有 20 头，每人一头，那分量可以说是奢侈，有些求实惠的家庭餐，往往要求把 20 头干鲍一开二，两人用一头，也可达到"点到即止"的意境。当时二十头的吉品鲍或窝麻鲍，酒楼售价每头可达千元，单干鲍"一味"（一个菜肴）就达万元。

干鲍鱼是鲍参翅肚四大海产中最美味的，在烹煮过程中如果善于收汁埋芡，则鲍鱼更有味。鲍鱼汁的制作是酒家造鲍水准的首要内容。今天，鲍鱼汁生产已经工业化。酱料市场的鲍鱼汁有数十个品种，那是如同鸡汁一样的"大路货"调味料，没有个性化的风味，鲍鱼汁的制作可以说是秘籍，家家酒楼不同，广东人称"师傅的手势"。一般说，熬鲍鱼汁用的是排骨、鸡胸肉、火腿这"三大件"，但煲鱼时用的淡鸡汤、陈皮、冰糖、绍酒也很重要。

炮制干鲍鱼的过程十分复杂，每一步都有秘诀，每一步都要提起精神。概括起来说，制作干鲍鱼（尤其是日本干鲍鱼）可分为四个步骤：浸洗、焗水、煲煮和收汁勾芡。广东著名美食家江太史的孙女江献珠曾经详细记叙了广式（又可称为港式）制作干鲍鱼的过程：

浸洗：把干鲍鱼放清水内浸泡十二小时以上，然后用大火煮 15 分钟去掉盐味；

焗水：把鲍鱼放入沸水中，水再开后收火焗至水冷。3~4 小时后夹出鲍鱼，再把水烧开，又把鲍鱼放回煮 15 分钟，加盖焗至第二天；

煲煮：在瓦锅内放一竹笪垫底，然后铺上排骨，排骨上放鲍鱼，鲍鱼上放鸡胸肉，倒入沸腾鸡汤，大火煮30分钟后加盖以中大火煮2小时，此时加入金华火腿再中小火煮1小时，小火3小时，直到鲍鱼身软。

检验方式是夹出鲍鱼，双手用大拇指或食指各执鲍鱼一端，拗向上下，如觉鲍鱼柔软而有弹性，则表示火候已足。

收汁勾芡：待鲍鱼取出透气还色（玳瑁色）则可进行收汁，将锅内所余之汁倒至另一小瓦锅，不加盖中火煮至汁液收稠，放鲍鱼回锅拌之，使四面均沾满汁液便可。

所谓勾芡，是说如果原汁颜色比较混浊，酒家便会用上汤加蚝油勾芡，使鲍鱼外表光亮。

在烹制干鲍鱼的过程中，究竟应该用什么作料为煲鲍鱼料，那是由厨师根据经验自由发挥，我和香港马会一大厨师就尝试过在作料中加瑶柱，味道特别鲜美。要特别注意作料的量，如排骨要与瓦锅同大小，鸡胸肉要一斤，火腿要选上乘的金华火腿，而且数量至少一两。

干鲍的溏心在鲍鱼中间，是干鲍最软糯的部分，有极佳的口感，它的生成，既与鲍鱼生长的海域有关，也与干晒的方法有关，有些人以为溏心是糖心，那就贻笑大方了。

文内提到的江太史，指的是清末民初时期广州著名的食家江孔殷，他在清末时做过翰林，人称"江太史"。民国时期弃政从商，广交名流，成为著名的社会活动家。他的一大嗜好是研究美食，甚至亲手创制，他研发的名菜被称为"太史菜"。其中的"太史田鸡"、"太史蛇羹"、"太史豆腐"等已成为粤港澳的经典名肴，一直流转至今。江太史之孙女江献珠，应香港特级校对陈梦因先生之邀，曾经主持过一桌典型的粤式名筵，菜单如下：

四热荤：太史豆腐

　　　　官燕竹笙

　　　　凤城蚝松或（鸽松）

　　　　江南百花鸡(广州四大名酒家之一文园招牌菜)

汤：太史菜茸羹

四大菜：红烧鲍翅(广州四大名酒家之一大三元招牌菜)

　　　　蚝汁鲍脯(广州四大名酒家之一南园酒家招牌菜)

　　　　鼎湖上素(广州四大名酒家之一西园酒家招牌菜)

　　　　虾子乌参

甜品：雪蛤红莲

点心两款：枣泥酥盒

　　　　　迷你奶挞

这筵席的热荤中包含太史菜、燕窝菜、凤城（顺德）菜。然后在广州四大酒家招牌菜中选其中之一，难度可想而知，如果今天粤菜厨师中有一大厨能主理此筵席达标，那他的薪酬可达数万元（月）。此筵席看上去好像没有什么难度，但越简单的东西越难令其让人满意。太史豆腐只用两味料，那就是豆腐和母鸡，用母鸡干什么？是用蒸出来的汤汁去煨豆腐，一个蒸字，一个煨字，一字千金。蒸出来的鸡汁肯定不同于煲出来的鸡汤，要想昧好，就要汁靓，所谓煨，就是要让豆腐慢慢渗入鸡汁，所以要在豆腐上划一道道小方格，让鸡汁全方位无遗漏、无阻碍地注入到豆腐全身，这种讲究源于江太史一丝不苟的精神。

清末民初，广州河南地区的"太史第"之蛇羹名满食坛。其妙处是味道鲜美，刀章极为精细，入口但觉嫩滑，却难辨为何物。江太史蛇羹之味美，首先是因为江太史熬过汤的蛇肉不要，另以水律丝弄羹，因而口感特别嫩滑与鲜美。江太史对"鲜"的追求近乎苛刻，他的果园种有不少荔枝，当露水沾上糯米糍的那刻，他即摘下品尝说："这才叫新鲜。"柠檬叶丝是蛇馔的佐料，江太史要求女佣把柠檬叶切得细如人发。蛇羹中需要放入菊花，他要女佣把白菊花瓣掰开清洗，而对柠檬叶的清洗，更要求顺纹抹洗。这时候，蛇羹已不是蛇羹了。它已成了一种信仰、一种专注认真的人生态度。每当我在酒宴中看到，达官贵人大快朵颐的时候，我发现很多人并不在乎菜肴的烹饪技艺。首先被关注的自然是菜点的身价，那些个大闸蟹上台时仍戴着防伪标志，一如明星婚礼上戴的鸽子蛋。而在这个时候，伪善者表现出攀附的媚态。哪怕是索然无味的水蟹，他们也会大声对主人献媚："这只大闸蟹都几实肉（肉较结实）啵！"

广东的筵席虽然往往以鲍鱼为先。但最后一道甜品多以燕窝收尾，广东人笑称："吃好了，就来一碗燕窝漱口吧！"优质燕窝产自东南亚，特别是印尼的金丝燕从口中吐出来的唾液，在海边山岩粘附，状如椭圆，被称为燕盏。燕窝之所以广受欢迎，且越炒越贵，是因为昔日的贵妇、后来的师奶、今日的大妈都认为其有滋润养颜的功效，特别是其增强免疫力的功能认定，在今天更被捧为病后康复的滋补品。美容、滋补，还有什么食品可以令女士如此钟爱？其实，作为美食，燕窝极为可口，在筵席上它既可咸可甜，可单独成菜又可成为点心内馅。清末民初，其身价一度与鲍鱼并价齐驱，只是燕窝身轻，除了"位上"的身份宴外，作为一盘菜，所需的量按称重并不多，所以不少人还是乐于食用。20世纪八九十年代，广东珠三角的筵席盛行鲍翅燕。燕窝作为最后甜品，是无色无味上台，但厨师则至少提供六种口味供食客选择，包括杏汁、椰奶、蜜糖、芒果、木瓜等多种风味。

作为广东传统名菜，燕窝作食材的首选是官燕竹笙。竹笙本为山珍，属菌类，产于山林竹地之中，产量稀少，价格昂贵，进入20世纪80年代后，竹笙的人工培育技术迅猛发展，产量大增，价格急跌。从此竹笙开始进入寻常百姓家，但用竹笙煮燕窝仍然是一款极为珍贵的菜肴。为什么叫官燕？因为燕窝进入中国是东南亚向中国称臣时进贡的贡品。只有达官贵人才有条件拥有，所以称之为官燕。竹笙作为菌类，在未清洗时拥有白松露菌那种腐朽泥土沾带着类似数月不洗的汗衫所特有的味道。这是竹笙的菌盖和菌托带有强烈的臭味所致。正因为其臭，所以用竹笙浸泡（煮熟）过的肉类在通风处置放可数十日不坏，也许这就叫以腐攻腐。读者不妨一试。当然，纯天然竹笙一般没有臭味，清洗比较简易，但在涨发中至少要两次将其放锅里把水煮开，倒掉再加水烧。竹笙发涨充分便可将其每条剪开，然后用盐水把内面的黏液洗净，之后再把竹笙浸3小时以上，最后再飞水冲透才挤干水铺在毛巾上卷起备用。

官燕竹笙其实用的是炒法。炒，这个技法在炒竹笙中得到妙用。炒竹笙不能用生铁炒锅，要用易清洁锅，把竹笙三五下炒匀后浇上上汤，撒上胡椒粉令竹笙充分吸收上汤之鲜味，然后保温待用，燕窝要待上汤煮开后再下，并伴有姜汁酒及火腿茸。然后把芡汁少量地吊下燕窝内，并加入鸡蛋白使燕窝变成营养丰富的一种特殊大芡。把竹笙倒在深碟中，在上面淋上官燕芡汁，趁热上碟，这是江太史的孙女张献珠女士用自己的心得向我们传授的带有江太史风格的烹调技

119

艺。自张献珠传艺以来，无数粤港的家庭主妇照规操作又加自己的心得，一时间在粤港澳形成了讲饮讲食必先懂饮懂食，懂饮懂食又要动手煮食的新时尚。现在，80后及90后的年轻男女都以入得厨房，煮得好菜作为生活一大乐趣。一位90后的硕士郑重其事地对我说，他试制燕窝多年，终于体会到，燕窝之所以金贵，美容美颜只是满足心理需求的精神鸦片，但燕窝之特殊口感，那清滑的充盈口腔的惬意感觉，既似琼浆玉液又胜似琼浆玉液。无论你是饿还是饱，是丰润或是干涸，你都不会拒绝它的入口，入口之后，你知道文雅的食相必须"慢品"，但你始终耐不住诱惑和渴望，一口把一碗燕窝吞下。

谈到高档菜肴的烹制，不得不顺带提到鱼翅，清末谭家菜的烹制鱼翅最为著名，其中黄焖鱼翅以名贵的"吕宋黄"为原料，在泡发后的鸡鸭干具火腿汤烤制，待各种辅料之味完全浸入翅之后，鱼翅变得软烂味厚，色泽金黄食之余味悠长。谭家菜到北京之后，蟹黄鱼翅、鸡茸鱼翅、砂锅鱼翅、干具鱼翅大行其道。《四十年来之北京》记有一段文字："耳闻之徒震于其代价之高贵，觉得能以谭家菜请客是一种光荣，弄到后来，简直不但无'虚夕'并且无'虚昼'，订座往往要排到一个月后。"今天保护生态的呼声日高，鱼翅终将会从人类的餐桌上消失，但当年广东烹制鱼翅技艺之高超，还是值得载入史册的。

龙虎斗与美味蛇馔

汉杨孚《异物志》说："蚺惟大蛇，既洪且长，采色驳荦，其文锦章。食豕吞鹿，腴成养创。宾享嘉燕，是豆是肴。"汉代刘安在《淮南子·精神训》中记载："越人得髯蛇以为上肴，中国得之无用。"唐代的韩愈，被贬至潮州时写了一首诗，对潮州人食蛇蛙等几十种异物感到"腥臊始发越，咀吞面汗骍"，无法忍受，很不适应。唐代以后，越人基本被汉化，但吃蛇风俗却被传承下来，制作技巧也在不断提高。宋代的苏东坡被贬到岭南后云："平生嗜羊炙，况味肯轻饱，烹蛇啖蛙蛤，颇讶能稍稍。"表现出随遇而安、入乡随俗的人生态度。之后，吃蛇渐成了广东人市井文化的一部分，人们发现了蛇更多的价值，特别是毒蛇的胆汁更为珍贵。蛇全身为宝，被开发出各种独特的制品，而蛇馔的品种也超过百款，成为广东饮食文化一奇葩。

光绪十一年（1885年），有人在广州心基正中约开设了第一间专营蛇类制品的店号"蛇王满"，经营自制蛇胆陈皮米酒、蛇胆川贝米酒、三蛇酒和蛇汤。这家蛇餐馆1938年被焚后在浆栏路复业，从创业初期的20个座位发展到四层楼500多个座位，成为闻名海内外的吃蛇餐馆。

广东著名的蛇类菜肴有淮杞炖蛇盅、菊花三蛇羹、煎酿蛇脯、椒盐鲜蛇碌、七彩炒蛇丝等。在各式蛇肴中，最有名的叫"龙虎斗"，它的原料以毒蛇为主，用眼镜蛇、金环蛇和眼镜王蛇，配以老猫和母鸡煨制而成，吃起来特别滋补。此肴以蛇为"龙"、以猫为"虎"，以鸡为"凤"，置于盘中，其形状如龙盘虎跃凤舞。

话说当年江太史（江孔殷）70大寿，本想为亲朋好友做道拿手好菜，可是一般蛇菜已有百种之多，怎样才能标新立异？正当江太史冥想之际，突然从旁边扑出一只家猫，对着蛇笼张牙舞爪，笼里的蛇也不甘示弱，昂头吐舌，奋起应战。猫和蛇一个在外抓，一个在笼内转，互相对峙，场面十分富有动感。江太史受到启发，酝酿出蛇肉拼猫头的龙虎斗菜式，后来几经修正，江太史决定加上鸡肉，成为龙虎凤佳肴，一直流传至今。今天广东餐桌上蛇馔的蛇都是人工饲养的，而且摒弃了"虎"（猫），既保护了生态也满足了口欲，能长期品尝蛇之美味，这是广东人的舌尖之福。

除了对蛇肉的充分利用之外，广东人对蛇的不同部位的挖掘利用更令异邦人目瞪口呆。在广东，下脚料蛇皮被泡制出凉拌蛇皮，中药材炖蛇脑更抢手，用蛇信（舌头）、蛇生肠（子宫）、蛇肝可炒出各种小炒。至于用蛇子（睾丸）和雄鸡子炒出的龙凤子更被视作为壮阳佳品，席上奇珍。甚至将蛇肠中的蛇脂油也熬炼出油来用以"扒四蔬"，使炒制的菜蔬更加清香爽嫩。

江太史的蛇羹秘笈关键在两条，一是蛇汤与上汤要分别烹制，蛇汤的汤渣尽弃不要，熬制蛇汤时要加甘蔗、陈皮，上汤以火腿、老鸡和精肉为主熬制；二是蛇羹的刀工极其重要，选料也极为讲究，令人吃蛇羹"吃不出味"，主要是要懂下料，当年江太史下的首料是水律蛇丝，然后加鸡丝、极品鲍丝、花胶丝、冬笋丝、冬菇丝及远年陈皮丝，即使是柠檬叶丝、菊花瓣这些佐料，不仅要新鲜芳香，刀工也要把柠檬叶切成细弱青丝般精细，薄脆既薄又脆，既香又甘。

蛇羹至今仍是广东人极为热爱的冬令汤羹，但其面目全非的惨状折射出物欲横流的歪风对烹调技艺的腐蚀。今天大多数蛇羹的鲍鱼丝没有了，花胶丝没有了，仅用鸡丝、肉丝充数，如果说为节省成本也罢了，但讲到几条柠檬叶丝，就可见处世态度了。江太史花园种了好几棵柠檬树，嫩叶不够味，老叶太硬，江太史就只选不老不嫩的入羹，切柠檬叶丝要先撕去叶脉，后把叶子分成两半重叠，卷成一个结实的小筒，切起来更能保证叶子成丝。

据江太史的孙女张献珠回忆，菊花是佐料中的主角，江太史家中自栽大白菊，有一种叫"鹤舞云霄"，状似大白菊而白中微黄淡紫，是食用菊花中不可多得的精品。清洗菊花这道工序容不得半点马虎，整枝菊花倒置在一大盆清水内，然后执着花柄，轻轻在水里摇动以去污物，菊花瓣有时附着细小的蚜虫，清洗后还要在淡盐水内浸一下，使蚜虫脱离，这个工作需要极度的专注与耐心。

今天，如果我们的老板、职业经理人和女工都被"躁动"左右，他们的苟且绝对创造不出一丝不苟。我们怀念"专注"的时代，并向今天仍在烹饪一线上精耕细作的厨务工作者表示敬意。

肉不带血，骨中带血的白切鸡

鸡是远古先民最早驯养的家禽，伴随着人类社会的进步，今天中国的鸡馔上自国宴，下至百姓餐桌，无处不在，鸡菜成了中华饮食文化食材中最艳丽的一朵奇葩。中华大地各菜系、各地区都有以鸡为主题的招牌菜，其中最有名的当属山东德州的扒鸡、河南的道口烧鸡、云南的汽锅鸡和广东的白切鸡等。

广东的白切鸡有三个"最"：第一个"最"是白切鸡是粤菜在北方人当中知名度最高的一个菜，一讲到粤菜，无人不晓白切鸡；第二个"最"是北方人最怕白切鸡不熟，看到骨髓的血红和鸡肉中带有的血色，许多人不敢下箸，而且对白切鸡的烹调法不太感冒，甚至认为靠蘸酱汁的白切鸡基本无烹技；第三个"最"是在广东众多鸡馔中，白切鸡的见光率最高，广东人所说的"无鸡不成宴"其实是指无白切鸡不成宴，在传统九大簋的筵席中，喝了汤羹之后，接着是"两热荤"，而头号主菜肯定就是白切鸡。从无鸡不成宴到无鸡不欢，鸡馔成了禽畜之王。过年了，如同北方人必定要包饺子一样，广东人餐桌上一定要有鸡，亲朋好友到访，杀鸡款待成了尊贵的标准。而家宴吃鸡最通常的做法就是白切鸡。

在广东，三个地域菜系都有自己的代表鸡，客家菜是盐焗鸡，潮州菜是豆酱焗全鸡，白切鸡则是广府菜的符号，自然也成了粤菜的经典。但在一些人看来，白切鸡是无烹技、无味道、无颜色的"三无"鸡，今天广东的师傅对白切鸡的制法大多也是无传统、无正宗。你要想让外邦人在广东吃到一只优质的白切鸡，已经是十分困难的事情。

白切鸡最讲究鸡种。传统的白切鸡大多用三黄鸡（嘴黄、皮黄、脚黄）制作，毛色麻黄的最好。广东清远市周心地区的鸡俗称为清远鸡，是公认的制白切鸡最好的鸡种，此鸡吃谷虫、饮山泉（溪水）、自由放养，是广东人心目中标准的"本地鸡"（区别于圈养的饲料鸡）。

白切鸡最讲究鲜新。白切鸡要即劏即制作。政府为防止"禽流感"等传染病的传播，要求集中宰杀鸡，经冰冻后在十二小时内运到市场出售的"冰鲜鸡"遭到市民的抵制，在市场上遭到冷遇。广东人对鲜新的要求，在对白切鸡食材新鲜度的要求中得以生动印证。

白切鸡最讲究浸汤。白切鸡要求慢火煮浸，但浸鸡的不是开水，而是靓汤，有些用白卤水，有些用陈年鸡汤。

白切鸡最讲究浸煮的时间。浸汤的温度最好在95℃左右，浸时用铁钩将鸡每 5 分钟提出一次，倒出鸡腔内的水以保持鸡腔内外温度一致，大约浸 15 分钟后可提出。把鸡放在冷冰水中过冷河，让鸡在冷缩过程中使鸡皮爽滑。

白切鸡最讲究"熟"的标准。白切鸡的生熟度的把握是白切鸡是否成功的关键。要看大脚筋是否紧缩，鸡腿肉是否紧实，要肉熟骨不熟，以"肉不带血，骨中带血"为佳。

白切鸡的评价标准：入口时皮爽脆、油而不腻、肉弹牙又嫩滑，鸡肉的每层纹理滋味都有细腻区别，总体鲜甜，骨头慢嚼释放出淡淡鸡香。从外观形态上看，鸡肉脱骨后依稀见红，骨髓必是生的，整鸡要求肉质嫩滑，皮爽骨香。

白切鸡的最佳佐料是顶级头抽（即优质生抽）或油浸姜茸蓉。进入20世纪80年代以后，各类鸡种侵入广东鸡菜市场，出现了许多以喂养饲料命名的新鸡种，如灵芝鸡、参皇鸡等。稍有常识的人都知道动物并不会因吃什么饲料便会具有饲料的特异功能，而且高昂的成本使"特种鸡"远离大众餐桌，20世纪90年代就有酒楼推出500元一只的皇帝鸡，据说是用人参和灵芝的混合饲料喂养，鸡肉的参味确实很浓，但鸡味却一点也没有。对这种似鸡非鸡的食材，我一向深恶痛绝，广东人吃鸡，对鸡的要求非常朴实，那就是"有鸡味"。鸡的基因变异，用违背鸡成长的自然规律去喂养，鸡可能快长、健康，但就是无鸡味。这种用市场法则来对抗自然法则的愚蠢做法是对人类食权的粗暴侵犯。食学理论认为，人类的天赋食权包括四项内容，那就是获得食物、分享食物、尊重食物和养护食源的权利。改变了鸡的物种生存的基本条件（谷虫、山泉、放养），现代化大鸡场生产的鸡可以更健康、更块大、更能满足某类市场的需要，但它们绝不能成为广东正统白切鸡的食材，因为它们无鸡味。

要做白切鸡，最好还是选农家放养的走地鸡，生长80天以上，吃天然的饲料，最好是毛色亮丽、鸡冠鲜红、脚短、脚掌皮薄、脚拐甲无磨损、重量在3斤左右的鸡（如果是阉过的大扇鸡，必须放养超过200天，重5~6斤）。

尼克松访问中国，周总理设宴款待，广东清远周心鸡被用来制作白切鸡，作为一道美味佳肴。尼克松边饮茅台边吃白切鸡鸡胸肉，兴之所至，他突然问翻译："此鸡是用公鸡还是母鸡制作？"翻译预先被告知此白切鸡是一只"鸡项"，但他未来得及细问"鸡项"的含义，不知在广东人的习俗中，还未下蛋的母鸡称之为鸡项，一时语塞，周总理见状，便告知此"鸡项"即系"处女鸡"，见翻译为难，周总理对尼克松说，这是广东清远的一只公鸡的未婚妻，尼克松听后哈哈大笑，连呼"鸡姑娘"。"鸡姑娘"一时使宴席上各人欢颜尽展，日后更成为坊间为人津津乐道的轶闻。

在广东，知名度甚高又受食客热捧的另一只名鸡，叫做"太爷鸡"，它虽然采用与白切鸡完全不同的做法，但竟然可以做到使广东人"久不久就会想起它"的地步，可见广东人的食鉴标准是"好嘢无国界"。

我们多次评选广州十大名鸡，但真正长期被列入羊城四大名鸡的是广州太爷鸡，它不仅名扬珠三角，还名震港澳，是极具风味的广府名菜。

辛亥革命爆发前，有个江苏人周桂生来到广东新会县准备当县令，但还未戴上乌纱帽，武昌起义就爆发了。走投无路的周桂生流落到广州开了间熟鸡店，之后他参照江苏的卤鸡制法，结合广东的熏鸡技术，推出了具有江苏特色的卤熏鸡。在辛亥革命爆发几个月后的一天早上，广州百灵路上鳞次栉比的商店餐馆群体中，多出了一个非常醒目的商品招牌，上面写着"周生记"三个大字，这就是周桂生开张的卤熏鸡铺。由于周桂生的卤熏鸡鸡肉香美超群，皮脆肉滑，香味诱人，鸡铺一开张就排起长队。食客得知周桂生曾是准县太爷后，就给他起了一个更响亮的名字"太爷鸡"，意为县太爷制的鸡，周桂生听到后，认为这个名字更有内涵，于是特意把招牌改为"周生记太爷鸡"。20 世纪 80 年代，周桂生的曾外孙高德良重新觅址经营太爷鸡，粤港澳的顾客闻风而动，争先恐后前来品尝，特别是许多广东籍的南洋华侨都专程前来品尝家乡的风味名菜，使"太爷鸡"一直享有很高的声誉，被誉为中国的"名鸡一绝"。

太爷鸡之所以绝，首先是它用的是 2 斤左右的信丰母鸡，其次是用精卤水先做卤鸡，这种精卤水含有八角、桂皮、丁香、沙姜、陈皮、草果、罗汉果，把它放入布袋扎紧，猛火煮 30 分钟，再次是把茶叶（香片）、片糖、米饭放入镬内，将鸡架于镬架上，上盖或密封，用大火烧至冒黄烟，片刻取出熏成"太爷鸡"。

太爷鸡融合了苏派菜的卤技和粤菜的熏技,风味独特,肉嫩味醇,有浓郁的茶叶清香,是人们吃过"番寻味"、寻味必再来的诱人美食。

白嫩如雪的牛奶美食

对广东人来说，在冬季喝上一碗姜撞奶，绝对是一种心灵慰藉。姜撞奶，全称姜汁撞奶，又名姜埋奶，是广东番禺沙湾乡的传统风味小吃。

姜撞奶是由鲜水牛奶加糖煮沸，再倒入碗中与老姜汁撞在一起，便成了既像豆腐花又像蒸水蛋一样稀中带稠的美食，它外观像现代的牛奶布丁，质感鲜嫩似豆腐脑，奶香浓郁扑鼻，甜中带辣，具有驱寒、温中、调胃、美颜的功效。香港著名的麦兜故事里有一首小诗："那天姜汁问鲜奶，你为什么撞我，便不再分开。那天我撞见你，便是你。"这道出了姜撞奶制作的奇妙趣味。

制作姜撞奶的秘诀是需选用较老而又不过老的姜块，姜太嫩辣味不足，姜过老则纤维太多，淀粉含量不多，不易使奶凝固。姜撞奶的"撞"字，既形象又准确地表达了制作之关键点。过去有称姜撞奶为姜埋奶的，意思是把水牛奶和姜汁"埋"在一起，即融和于一体，但这只是结果，是一种奶品的状态，而一个"撞"字，生动传神地把姜撞奶的制作工艺作了简明的概括。当然，要注意煮沸的牛奶不能立即撞，奶太烫不但不会冲散姜味，也不可能凝结，姜撞奶的制作可以看作是一种表演艺术。20世纪80年代末，我们来到番禺沙湾乡，亲眼目睹了几位大妈的表演，只见大妈们把加热后的牛奶撞入到姜汁里，很快，液态奶便变成半凝固状，大妈把这半凝固状的物体倒置于案上竟然坚立成型而不塌陷，整个动作干净利索，犹如变戏法一样。

如果说姜撞奶使鲜奶美食出了个珍品的话，那么双皮奶的出现，更使顺德的美食熠熠生辉，它不仅成为顺德美食最亮丽的名片，而且在岭南小吃中也处于龙头地位。《美味顺德》曾经这样描写过双皮奶："双皮奶问世至今一直风行，其在岭南小吃中的江湖地位基本上是龙头老大的样子。双皮奶确是奶中珍品，它洁若凝脂，味胜奶糕，热吃暖甘甜，凉食清润香浓，表面有上下两层薄如轻纱的奶皮，上层奶皮甘香浓郁，下层奶皮滋润可口，都是精华所凝聚，如梦如幻，如诗如画，让人含而不忍吞，成为食家百思难解之谜。"

双皮奶的制作并不复杂，先将鲜牛奶炖滚，趁热倒在碗里，热气会使牛奶表层结出奶皮，此时用竹签轻轻挑起奶皮一角，把牛奶沿碗边倒出，留下奶皮在碗底，然后将其放到火上继续炖蒸，适时起锅，冷却，新的奶皮生成，是为双皮奶。这个过程看似简单，实际上有多个秘诀：如牛奶必须新鲜，最好是早上刚挤的鲜奶；处理奶皮不能离开碗边，否则奶皮缩作一团就不会成功；蛋奶混合浆倒回碗中时要慢慢注入，不能大动作。优质的双皮奶既要有奶香，又要有蛋味，香而不重，甜而不腻。奶皮要紧紧盖面而圆滑平整，甘滑香甜。在这里，双皮奶的第一层奶皮发挥了重要作用，它可以防止皮下蛋液过火而出现老化，所以成品特别润滑，同时，蒸炖的火候和时间的把握也不可忽视。多一分嫌老，少一分嫌嫩，要精细加工大概需制作一个半小时，才能使双皮奶如丝如绸，入口即化。

中国不是"奶国"，广东更不是奶源丰盈之地，但广东的甜品在中国甜品中享有盛誉，而"双皮奶"就是广式甜品中最具特色的极品。改革开放以来，广东顺德大良仁信双皮奶店是当地最红火的美食店。当年，无论我们是到顺德均安吃蒸全猪，或是到顺德大良吃铜盘蒸鸡，又或是专程到顺德吃"鱼塘公焖鱼"后，总是要到仁信吃碗双皮奶才过瘾。特别是女士们对双皮奶的感情要比男士对"污糟鸡"和"缩骨鱼"（均为顺德名菜）的感情更深。不吃双皮奶，女士们不肯踏上返程路。

为什么有一百多年历史的双皮奶，在当代如此活跃？我看并不完全是顺德的商业氛围导致双皮奶焕发青春，而是双皮奶本身就具有很大魅力。双皮奶的吸引力固然有"双皮"的原因，但更多的是在下层皮中。上层奶类似奶酪状，但比奶酪软且有奶香，下层奶白如雪状如膏，质感嫩滑唇齿留香。整个成品有如十八少女温润可爱。女子把它喻为己身肌肤的样品而万般宠爱，而男女老幼均钟情于它的娇憨和口味，双皮奶似婴儿皮肤，拥有润滑、柔软之嫩，更具南方甜品之香，甜味愈甚，奶味愈甚。儿时我们囿于一隅，孤陋寡闻，不仅无知也无钱消受。知青生涯，除了地瓜芋头就是咸菜豆酱，不知人间尚有这等极品，80年代，当我们第一次品尝双皮奶时，才舀了几匙，便急不可待地端起碗来，呼噜一下，直落三碗仍不解"渴"，其饱含对美食的冲动，在此之后几十年再没有出现。

能够制作姜埋奶、双皮奶的广东人，自然也很容易制作出诸如凤凰奶糊、窝蛋奶一类的牛奶美食，它们的制法大多是把水牛奶倒入锅中，加入白糖，边煮边搅拌至白糖完全溶解，然后把鸡蛋浆或整只鸡蛋倒入水牛奶中，搅拌成糊或鸡蛋煮熟便成。在广东的牛奶美食中，还有一种接近消亡的"嚼着吃的牛奶"——金榜牛乳，特别值得一书。金榜牛乳因产于顺德大良的金榜村而得名，它之所以称为"嚼着吃的牛奶"，是因为它不是液态，而是片状的奶制品。在顺德大良的大街小巷，都可以看到许多小食店"搭售"牛乳，即使是卖咸品的粉面粥档，也有牛乳出售，这个牛乳不是甜品，而是咸品，其功效有些像腐乳，用来作为吃白粥的佐品，可令白粥清香软滑，更有清热下火之功效。

顺德大良的炒牛奶，是中国烹饪技术中软炒法的特殊技法。所谓软炒就是将牛奶、蛋清之类的以液体为主体的原料用小火烹调，待油加热后依次加入辅料，调料和主料一起炒制，使水分蒸发，原料凝结成菜。软炒法为中国独有，以炒牛奶最具代表性。

当顺德大厨把炒牛奶作为新入行的厨务工作者必考的一道实操考题时，许多年轻厨师都想不通，在他们看来，牛奶天生就是胶状悬浮液体，只可匙舀，不可箸夹。怎么可能把胶状液体牛奶炒成可用箸夹的半固态呢？这就是顺德厨师的"出格"创造。

在民国初年，顺德大良桥珠酒家一位厨师见妻子用锅炖奶，突生出灵感，如果用炒黄埔蛋的方法来炒牛奶，应该符合厨理，鸡蛋液在受热时会凝成固体，牛奶为什么不能呢？于是，他先加蛋清和淀粉（现今大多采用鹰粟粉）来促成牛奶的凝结，然后边炒边加猪油，顺着同一方向由底向上翻勺，边翻动边加油，快全部凝结时下入已处理好的配料——蟹肉、虾仁、鸡肝粒、炸榄仁，最后撒上火腿蓉。经过反复试验，一盘不泻不焦，香滑软嫩，奶香味浓的炒牛奶终于可登上餐桌，在桥珠酒家隆重推出时，立刻引起轰动，之后，经广东人在上海办的新雅粤菜馆传入沪，同样受到欢迎。

大良炒牛奶，又称凤城炒牛奶，它是顺德传统名菜，又是粤菜一绝，它的主料是新鲜水牛奶加蛋清，辅料是蟹肉、鸡肝粒、虾仁和炸榄仁（又称四宝炒牛奶），之所以撒上火腿蓉，是因为火红的火腿蓉与雪白的牛奶相互映衬，交相生辉。自从品尝过大良炒牛奶之后，我喝牛奶原汁时总不能专注地品味牛奶味的甘香，因为在牛奶入口的那一刻，我很自然地在脑际中跳出炒牛奶的画面，炒牛奶的软滑口感立时充盈口腔，它细腻软嫩，温香软玉，似有还无，它既是牛奶，又是菜肴，裹在奶皮中的四宝馅料隐约可见，比牛奶丰富，比菜肴清爽。

在广东顺德多次举行的"凤城美食"推介会上，大良炒牛奶不仅被认为是广东菜造型艺术之熟品装盘成型（用锅铲把原料逐层叠起）的典型菜例，还被奉为我国烹饪软炒法的经典之作，它衍生出的许多炒牛奶菜肴，在广东和上海均成为令人心醉的名肴。

风生水起捞鱼生

"闻吃鱼生，不请自来"是岭南的谚语。虽然吃鱼生会染上肺吸虫病，但从南越王时代起，广东一带就有吃鱼生的习俗，就像江阴人冒死吃河豚一样。广东人对染病不太在意，但为了清除心理阴影，也创造了许多"解秽"的"卫生食法"。我第一次吃鱼生就被告知要用生油捞，而且要吊线式下油，每吃一口鱼生，最好啖一口烈酒，此法虽无科学依据，但习俗流传至今。

在广东中山，我专门请教过吃鱼生高手。一位名叫高元清的老伯告诉我，"卫生鱼生"靠的是肉桂杀虫。附在鱼生上的寄生虫，不怕酒、不怕辣，就怕肉桂的甜香味。我们和高伯围坐在一张四方木桌旁，看着高伯"捞"鱼生的操作，才真正体会到广东人有得"捞"吾（不会）"捞"也不能发达的道理。高伯先以去腥杀菌的红椒拌捞鱼生，接着下月桂末、古月粉，要想让每块鱼生都捞上，就要吊线下油，让每块鱼生都沾上油脂，然后加上其他辅料同时捞。这个辅料真真是个十里不同俗。不同村、不同乡，辅料都不一样，大致相同的有白萝卜丝、沙葛丝、柠檬皮丝、柠檬叶丝、姜丝、蒜片、荞头片、红椒丝，然后是胡椒、肉桂末、薄脆、炸米粉，油脂是麻油和生油。高伯告诉我们，捞是一种功夫，但在备料中，也要洁净处理。

活鱼要在清水中养一天回魂和吐泥，要用冻开水洗生料，剔鱼的砧板与刀，不能同时用来切鱼片，鱼片的鱼污不能用水洗而要以布抹，鱼片要切成蝴蝶形薄片，辅料要切得精细、均匀。高伯向我们爽朗地说："我已八十有三，常年吃鱼生，未见有人患肝虫病。"他告诫我们，肉桂一定要买中国桂林或越南的肉桂，肉桂不正宗，其扑杀寄生虫的效力就大打折扣。在我的想象中，老饕贪吃，才会拼死吃河豚，而广东的老饕竟会疯吃鱼生，实在令我惊诧良久。

早在西周时代，宣王的重臣尹吉甫讨伐北方敌人有功，当其胜利而归时，国王为他举办了庆功宴。《诗经·小雅·六月》曾有描述，提到美味佳肴"炰鳖脍鲤"，这是至今中国文献中最早出现"脍"字的记载。"脍"就是生鱼片的前身，材料是生鱼片。"脍鲤"的鲤在先秦时代是指黄河中的金鲤，当时是最高档的珍馐，到了唐代，由于唐朝皇帝姓李，李与鲤同音，所以法律明文规定不能称鲤鱼为鲤，要敬称"鲩公"，并禁止捕获，于是唐朝改用鲫鱼、鲈鱼做鱼生。

中国人吃生鱼片从西周开始，直至明代。李时珍在《本草纲目》中对鱼生有过简洁的定义："刽切而成，故谓之脍，凡诸鱼鲜活者，薄切洗净血腥，沃以蒜蘁姜醋五味食之（五味指多种调料）。"中日饮食文化比较研究专家贾蕙萱女士在谈到中国人吃鱼生时说："而今，只有中国的极少数地区仍有食生鱼片的，如东北满洲里人生食鲑鱼，松花江沿岸的渔民，仅在冬天把鲤鱼洗净生吃，山东省渔民在船上打捞上鲅鱼做生鱼片招待客人。"在这里，贾女士没有谈及广东吃鱼生的方法。清初屈大均的《广东新语》有"鱼生"条："粤俗嗜鱼生"、"以出水泼刺者，去其皮剑，洗其血腥，细剑之为片，红肌白理，轻可吹起，薄如蝉翼，两两相比，沃以老醪，和以椒芷，入口冰融，至甘旨矣!"

从唐代开始，顺德人就发明了一种"风生水起"的吃鱼生方法，即把生鱼片与多种配料放入一只大钵内，食者合力拌匀，然后齐呼"捞得风生水起!"，最后食之。这种食风与 20 世纪 90 年代盛行的广东吉祥语"捞起"十分吻合。于是，在珠三角的许多酒家，头道菜都有一个"捞起"的仪式，即用吃鱼生为筵席之启动，寓意生生猛猛，捞起，发达。顺德人吃鱼生最讲究"放血"的刀工，剔鱼时先斩其尾，任其在清水中游动将其血放尽，然后厨师以锋利的桑刀细切鱼片，透明的鱼片恰似片片碎玉附于冰上，几乎与碎冰融为一体，白晃晃一片。

记得那是血气方刚的岁月，我们一群回城知青相约吃鱼生，为了表现自己是"行家"，一坐下我便大谈上等鱼生的标准，什么薄呀，鱼质呀，似是内行。但终不是"里手"，师傅一开口，我便略显尴尬地收声。师傅说，鱼生刀工的高低生熟，先看鱼生面相，白茫茫一片，无一根血丝或泛暗红的鱼生，便是刀工了得，然后看起片的刀口位，整齐光亮不拖拉的便是新鲜。

刀工是厨师的技艺，但"捞功"却是食客老嫩的鉴证。老食客会先将摊开在食碟上的鱼生拨为一团，然后用花生油、芝麻油、上等生抽拌匀，再在十几种佐料中挑选自己喜好的拌食，步骤看起来简易，但初次吃时我们虽然是模仿性地跟进，却仍洋相迭出。

鱼生的主要佐料是蒜片、柠檬叶丝、炸芋丝、花生仁、子姜丝、葱白丝等，它们经百次千次地甄选，被认定为最佳配料，和着鱼生，呷口醇醪，它的口感是嫩滑的、清凉冰爽的，味道是鲜甜的，甘香而又清纯。由于各地习俗不同，有些地方在佐料中有所添加，备有酸菜、榨菜、芥辣，口味重的知青，一见酸辣，就如获至宝，大把大把地夹起酸菜、指天椒去捞，捞出个"鱼湿"，虽不失为一种食法，但与传统鱼生已相去甚远。

进入 21 世纪，吃刺身在广东已成时尚，不少酒楼把三文鱼、金枪鱼作脍，把洋为中用的吃鱼生作为高档贵价菜以取代昔日的鱼翅、干鲍。由于三文鱼生也可采用"捞起"的吃法，一时间，捞起三文鱼迅速流行，并广受欢迎，有词咏道："红玉晶莹冰上排，丝丝片片拌翻飞，拿来冰海鱼王脍，作我风生水起材。"

几十年的知青生涯，我甜酸苦辣都捞过，因为不懂"捞起"，自然失去了许多机会，但也得到了捞的历练和乐趣。当海南知青时，台风季节，菜被铲平了，集体饭堂的咸菜不能维持两天，豆酱存量更少，甚至酱油也捞没了，只能捞盐水。老工人请我们知青吃饭，我们充满幻想，以为不杀鸡也会宰鸭，没想到，老工人也近乎一无所有，只能在蒸咸鱼时多放点水，让我们捞咸鱼汁下饭。什么叫饥不择食，饿不择菜？一天挖橡胶穴下来，手麻脚软，口干肚扁，就是两汤匙咸鱼汁，也能使我们把八两白饭彻底光盘。我至今也不偏食，因为我每天吃萝卜干、通心菜足足维持了十年，习惯了把咸鱼汁也当作佳肴。今天，面对如此精美的鱼生，我唯有埋头苦干的冲动，哪管它是干捞还是湿捞？

第八章 广东小吃自成"广式"流派

　　"广式"是广东餐饮业惯用的一个名词，它开始指的是广东特色，20 世纪 80 年代后，香港餐饮打进广东市场，言必称港式，大街小巷，酒楼食肆，都以"港厨主理"、"港式风味"为噱头招徕食客。一时间，崇港之风劲吹。港澳地区的美食风格反倒成了粤菜的正宗。为了拨乱反正，广东餐饮界把广府风格的食品、菜点、小吃重新认定为"广式"，从而确立了广府美食的"江湖地位"（各菜系均未有国家标准，只有鲁菜已有了"省标"）。

　　"广式"成为一种流派把广府地区的主流风格与地域性的一些作派区别开来，如广东比较有名的腊味就有广式腊味（以皇上皇、八百载、沧州这些老字号为代表）、连州腊味和东莞腊味，它们都很受欢迎，但因风格不同，所以可再细分，为了在广东和广式中再作细分，"广式"的区分标准终会成为广东餐饮业之大事载入史册。

广式小吃是"粉"的世界

在广式点心中，肠粉在历代都名列前茅，一碟好肠粉，它的色泽"白如玉"，它的厚度"薄如纸"，它的口感爽滑微韧，它的味道则鲜味无比。

其实，广东属粉的小吃共有三大类：沙河粉、猪肠粉、布拉肠粉。

沙河粉源自广州沙河镇的"水粄"。

沙河粉是一种美味经济的小吃，是广州饮食文化的组成部分。传说在一百多年以前，一些以打石为业的东江客家人，从粤东一带来到广州沙河谋生。这些打石的客家人家家户户都有一台石磨，他们用石磨把大米磨成粉，调以源于白云山的沙河水，蒸出薄韧爽滑的米粉，客家人自古至今一直把这种食品叫做"水粄"。他们在墟地街（今沙河大街）一带开设了不少经营水粄的夫妻店，由于水粄价廉物美，人人爱吃，生意便越做越旺。随着时间的推移，小店发展成了作坊，水粄制作工艺也日臻精巧，水粄的名声越来越大，越传越远。由于水粄是用源于白云泉的沙河水调以大米磨成的粉加工而成的，当地人也就把其称为"沙河粉"或者"山水河粉"，或简称"河粉"。

从传说中，我们得知沙河粉是一种用大米磨成稀浆蒸制而成的荡粉条，其传统的工艺最主要的有四点，即选米、用水、磨浆、蒸粉。选米，要选择粗糙稻米，够硬性，具米香。开平有一种叫钢化粘的米，很适合做沙河粉的原料。广州的耀华集团就采取多种优惠政策，鼓励开平农民大量种植钢化粘。用水，自然选用山泉水，过去耀华集团的沙河粉都采用白云山山泉水制作，自政府禁止从白云山取水后，为了保证沙河粉的质量，他们就选用了帽峰山山泉水来替代白云山山泉水。磨浆，沙河粉采用连州青石做石磨，磨好的粉浆细腻洁白，不含任何杂质。蒸粉，沙河粉用竹窝篮上浆，而竹窝篮用的是从化三年生的流溪竹作竹材，不吸水、不起刺，蒸出来的河粉才能干爽嫩滑。

在广东，炒牛河的知名度甚高，牛就是牛肉，河就是沙河粉，用沙河粉炒牛肉，简称炒牛河。

炒牛河是广东烹技中最欺人的考题，徒弟要出师，师傅一般都要求炒牛河，一盘好的炒牛河必须具备三个标准，一是要干身，炒制过程中绝对不能加水，炒好的粉放在盘中不能见一滴油；二是要够镬气，炒制过程中要猛火急攻，先炒熟牛肉，再炒粉，合炒后要香气扑鼻；三是不能断粉，炒的时间长了，动作多了，粉就会被折断，所以要用"镬抛"的形式去炒，这样不会因用镬铲过多翻动而致炒成碎粉。

炒牛河也分湿炒（滑炒）和干炒两种。所谓湿炒，就是将沙河粉炒至粉边有白焦时，洒上少量稀盐水，使粉质变得更为软滑。沙河粉除了炒以外，还可以拌，就是炒好了斋沙河粉（没有放肉料）后，再下酱爆洋葱蒜蓉，然后勾芡，将酱汁浇在沙河粉上面，称为酱拌沙河粉。在广东沙河粉除了炒、拌外，也有极为常见的泡法，即把沙河粉用沸水烫热后，放在肉汤里，广东人称为"汤粉"。

广东另一类粉称为猪肠粉，其实猪肠粉就是米粉卷，它的制法与沙河粉类似，只不过是把薄粉皮卷成猪肠的形状，被戏称为猪肠粉。猪肠粉最标准的吃法是在搪瓷小碟上铺白鸡皮纸，先涂一层食油，拿起剪刀把猪肠装的肠粉"嚓嚓"地剪成一段段，然后再淋上酱油、甜酱、辣酱、花生酱（麻酱）。干身的肠粉被混酱所浸润，如果酱料优质，比例恰当，肠粉的味道会异常甘香。这种吃法一般在凉茶铺附设的卖牛杂卤水蛋的档口中可见到，但大多已省去铺鸡皮纸这一步骤了，混酱也只是把甜酱和辣酱两酱相混，猪肠粉的传统吃法在港澳地区得以保存，是因其坚持优质优价的原则。

在茶餐厅，正宗猪肠粉恐怕已属大众化之高档，各种酱料多为进口之物，但仍不减粤港澳对猪肠粉的热情，原因是它符合食觉审美原则，刘广伟、张振楣先生在"食学概论"中指出："绘画雕塑是视觉的审美，音乐歌曲是听觉的审美，而食觉审美要调动视觉、嗅觉、味觉、触觉、听觉共同参与，是填补传统美学空白的五觉审美。"用食觉审美的观点评价猪肠粉，它看起来皮白如雪，晶莹剔透，薄如蝉翼，吃起来甘香满口，细腻爽滑，闻起来酱香扑鼻。花生酱的浓香与芝麻酱的清香轮番冲击味蕾，终于使猪肠粉这个最简朴的小吃骤然变得出位。

荔湾湖畔的"艇仔粥"

在广东，小食的概念总是以粥、粉、面为标志性产品并称。作为遍布街市的小食档，都是粥、粉、面同卖，有粉必有面，且粉面同价同料，有牛腩粉就有牛腩面，有云吞面就有云吞粉。近30年来，个性化之风劲吹，"一统"的"雷同化"即使是习俗，也遭到冲击，只卖粉的粉档，只卖面的面档，与粥、粉、面档在小食档中平分秋色，各占约50%的市场。值得注意的是，在这两个50%的市场中，卖本地粉面和卖异邦粉面的也各占了50%的市场。最早入粤的兰州拉面遭受到山西面王的冲击，同为南方的广西柳州酸辣粉，也遭遇海南捞饭的挑战。奇怪的是，广东的粥品却始终占领着本地一方水土，我们还未见到"腊八粥"在广东与广东的艇仔粥、及第粥抢市场。因为广东粥品作为广东十大名小吃，在广东的餐饮市场中地位稳固，备受欢迎。

广东人喜欢食粥的食俗与广东的气候颇有关联。广州地处亚热带，天气炎热，所以群众喜欢以流质食品作为调理养生之道的食物。广东粥品一般有三类。

第一类为白粥，又称明火白粥。白粥看起来十分简单，但它必须符合三个特点，一要用当年产的优质大米，广东人叫新米，新米富有胶性，煮粥时可以加些猪油，使它更润滑；二要用明火熬粥，使水米交融基本上见不着米粒，当中要特别注意火候，先猛火，后文火，要顺时针不断搅拌，使米受热均匀，稀稠得当；三要适当加些白果、陈皮，白果有清热的功效，而陈皮具有正气的药性，可使白粥清香扑鼻。一锅上乘的白粥必然黏稠如胶，洁白如乳，具有清肠洗胃，正气提神的效果。过去街头白粥卖的是最廉价的小食价钱，而今酒店的白果白粥或瑶柱白粥，都在二十元上下，与属精品的小吃不分伯仲。

第二类的粥品为肉粥，用作肉料的可有猪、牛、鸡肉以及鱼、虾、蟹等水产。生滚粥是将粥档的小锅呈一字形排开，档主根据顾客的选料舀出不同料的白粥来生滚，生滚粥又称为随煮随卖的粥品。传统生滚粥是用味粥作底粥，档主用猪骨、干贝、老母鸡、柴鱼等熬成大锅味粥用作粥底。今天，许多生滚粥偷工减料，用白粥代替味粥。粥的味道关键在腌制肉料时要调好，肉料放入白粥后，无须再调味。当然也有一些"粥品专家"深知粥底的重要性，其白粥都是用白果、腐竹熬成呈乳白色，很香滑，用它作生滚粥底那自然就有底气，生滚粥也自然上了档次。

艇仔粥是生滚粥系列中最负盛名的一种。异邦人到广州饮早茶大多品尝过艇仔粥，它是广东用料最繁多的粥品。它鲜味醇厚、爽脆软滑，可称得上是粥中之极品。昔日的珠江河畔，画舫穿梭，游人如鲫，在画舫上有专营粥品的艇家以新鲜的河虾或鱼鲜作为配料，以腐竹、鱼骨熬粥底，再配以新鲜鱼片、虾仁、猪肚丝浮皮、海蜇、花生、田螺肉滚一滚，上碗时再加上姜丝、鲜葱、香口的薄脆叉烧丝和几滴香油，烹制成美味的艇仔粥，小艇摇荡在河涌之间，将粥品供应给艇上或在岸边的食客。现在，广州西关的荔枝湾涌，重现了当年西关艇仔粥繁荣时期的盛景，那热闹景况不亚于当年秦淮河的情景。王士桢在《广州竹枝词》中写道："潮来濠畔接江波，鱼藻门边净绮罗。两岸画栏红照水，疍船争唱木鱼歌。"这些疍船中，大多为专营艇仔粥的艇家，他们在小艇尾部插上写着"西关艇仔粥"的幡旗，艇家以新鲜的河虾或鱼鲜作配料制作极具风味的正宗艇仔粥。原广州市长朱光在一首词中生动地描写了夜品艇仔粥的雅趣逸兴："广州好，夜泛荔枝湾，击楫飞浪惊鹭宿，啖虾啖粥乐而闲，月冷放歌还。"

第三类的粥品属小料味粥，比较常见的有菜干咸猪骨粥、皮蛋瘦肉粥、柴鱼花生粥、猪红粥等。菜干咸猪骨粥是名副其实的南派粥品，因广东天气炎热，易上虚火，许多人会有"热气"的症状，诸如喉干舌燥，口角生疮，牙龈肿痛等，而广东人认为咸猪骨和菜干是下火之物，有滋实体质、去热降火的功效，所以都热衷于每周数天备有菜干咸猪骨粥，而且粥汤通用。时间松缓者，喜欢熬粥，上班一族则假日煲一煲菜干或咸猪骨汤作为养生汤，并逐步扩展为广东人的家常汤。由于菜干难煮烂，所以作为汤品，芥菜煲咸猪骨、苦瓜煲咸猪骨则大行其道，咸猪骨成了广东降火系列食材的主心骨。

广东人食性广杂，不仅爱吃猪杂、牛杂，也爱吃猪血、鸡血，猪血在广东称猪红，取一小锅，倒入味粥，以中火煮沸，熟猪血切成小方块，与芝麻油、花生油、胡椒粉拌匀倒入粥中，离火，再放少许味精、姜丝、葱花，一碗猪红粥就算制作完成。猪红与鸡红、鸭红爽软嫩滑，作为粥品，广东人喜好猪红粥；作为火锅料，广东与四川成都、重庆一样，喜好鸭红（毛血旺）；作为炒菜的配料，广东人喜欢使用鸡红，对各种动物的下脚料能想出如此多样的吃法，非广东莫属。不管在酒楼食肆或是街边排档，这三红现在都是稀缺食材，食客点这三红的菜肴（点），经常都被告知"沽清"（卖完）。

在广东地区，广州人尤其喜爱三红，他们认为三红可以补血、除尘，所以无论是猪红粥，还是猪红汤，都销售畅旺，至于鸡杂中点到鸡红，火锅中点到"毛血旺"，如果还有"料"供应，你可以啧啧称奇。三红是无味的，但它有嫩滑的口感，就像鲍鱼本身也是无味的，但是它有软糯的口感一样。广东人追求食味，不仅要好味，还要有良好的口感，能称之为美食的，不仅要有美味，还要有美感。

"一签三摺"的云吞面

广州云吞面,是广州近代十大名小吃之一。

传说清乾隆时期,广州西关多宝路有一姓荣的大户人家,有个千金小姐叫翠红。翠红天生好吃云吞面,但总觉得家厨做的云吞不合胃口,便特别留意过往小贩,寻找自己心水的云吞。一日,一个小伙子在她家门口叫卖云吞,翠红急着买来尝试,吃后仍然觉得缺了什么,她对小伙子说:"我喜欢吃有猪肉、虾仁、鸡蛋、冬菇、鱿鱼,特别是鲜虾做成的云吞,你能做吗?"小伙子点点头,挑着云吞担子走了。之后,小伙子好像人间蒸发一般,一连五天不见人影,翠红以为小伙子生气走了,心里越发生气,因为那时父母正在强迫她与一名富家子弟成婚,翠红心里一万个不愿意。卖云吞的小伙子名叫苏成,没料到他听了翠红的要求后,把自己关在家里,反复琢磨调试,第六天他终于制作出一款新云吞,送给翠红品尝。翠红一尝,发现苏成的云吞中带有鲜虾、鲜肉、鲜菇和鲜韭菜,鲜美无比,而面条则细如银丝,晶亮柔爽,翠红顿时赞不绝口,欲罢不能。之后,翠红天天吃苏成的云吞面,并对苏成产生爱慕之情,经过一番抗争,翠红父母最终同意两人成婚,并资助他们在多宝路开设了一家苏成记面店,专售鲜虾云吞面,后来,苏成接受翠红的建议,在上汤里加上大地鱼和火腿骨,味道更加鲜美,鲜虾云吞面名噪西关，传遍广州。

广州的云吞面，做面时用竹升把面粉加鸭蛋清搅合，然后打压成面皮成型后切成细条，称作"竹升面"。馅料中的瘦肉要下盐打成黏胶状，然后放入其他原料搅拌均匀，拌好馅后再拌蛋黄，放入冰箱，使包云吞时皮馅更易粘合。包云吞最好用骨签，头稍尖而身细，包制云吞时一签三摺。

云吞面全国都有，不过在叫法上却有不同，广州的云吞面与外邦的不同，在于三点：一是云吞和面条同盛一碗，外省的馄饨很少与面条掺和；二是广州云吞皮薄肉多，且猪肉要用后腿部分，按肥三瘦七比例打成胶状；三是汤很鲜美，用大地鱼和猪骨熬，加上虾子，泡制出来的汤是既鲜又清。

云集西关的"广式茶楼"

在广州,我在东山区住了 50 多年,但却对最富广府情调的西关风情极为钟爱,一有闲暇便要到西关的上下九、宝华路一带游荡,吃碗猪血粥,整(来)碗云吞面,追忆儿时父母周日和我们同游上下九的生活碎片。

在广州西关上下九一带,分布着数十间典型的广式茶楼,大多有近百年的历史,悠久的历史使其成为广府著名的广式茶楼老字号。它们像一座座博物馆,把岭南饮食文化通过酒楼收藏的菜品展现出来,把美食与博览融于一体,达到了"食博共和"的境界。

陶陶居是广州最著名、最古老的广式茶楼,于清光绪六年(1880 年)开业,是最具广府风味的酒家。现高悬于大堂之上的黑漆金字招牌,是从著名学者康有为所书的字体中拓出来的。陶陶居楼高四层,外观为红墙绿瓦,雕梁画栋,是典型的岭南民族建筑,门口前柱有栩栩如生的浮雕,显出广府茶楼老字号的大家气派。陶陶居以著名的岭南名肴美点倾倒过无数文人墨客,最著名的有"五彩鲜虾仁"、"姜葱炒肉蟹"、"猪脑鱼羹"、"红烧鸡鲍翅"、"薄皮鲜虾饺"等,鲁迅、巴金、刘海粟、陈残云等文人都曾光临陶陶居。

莲香楼创办于 1889 年。清朝大学士陈如岳有感于该楼的纯正莲蓉的清香风味,题写了"莲香楼"三个苍劲雄浑的大字，楼名一直沿用至今。莲香楼的莲蓉月饼享誉中外，被称为"莲蓉第一家"，被评为"国饼十佳"。莲香楼厅堂布局以莲为主题，雕梁画栋，古朴典雅，硕大的莲花灯晶莹剔透，厢房屏窗，尽显岭南风韵。莲香楼的"龙凤结婚礼饼"造工精细，酥松馅滑，百多年来一直是岭南人婚宴嫁娶最显贵气的礼饼之一。

广州酒家始建于20世纪30年代，当年的军政要员宋子文、蔡廷锴、陈济棠、余汉谋都是座上客。余汉谋写下了"食在广州"的牌匾，蔡廷锴留下了"饮和食德"的墨宝，至此，"食在广州第一家"的口碑声名鹊起。广州酒家以有一支广府烹饪名厨团队为傲。20世纪30年代的南国厨王钟权，40年代的"世界厨王"梁贤，50年代的翅王吴銮，20世纪号称点心"四大天王"中的三位：褟东凌、李应、区标等，80年代仍有中国烹饪大师黄振华、特级点心师邓基等。广州酒家拥有多款广府传统名菜、名点，如"一品天香"、"广州文昌鸡"、"红棉嘉积鸭"、"三色龙虾"、"娥姐粉果"、"蟹肉灌汤饺"、"沙湾原奶挞"等，近年还推出具有广府古风的"南越王宴"。

泮溪酒家被誉为"西关荔湾湖畔一明珠"，是广州最大的园林酒家。泮溪酒家荟萃了广府庭院特色及其装饰艺术的精华：外墙粉墙黛瓦、绿榕掩映；内部迂回曲折、层次丰富。整个酒家由假山、鱼池、曲廊、湖心半岛餐厅、海鲜舫等组成。其迎宾楼楼台飞檐翘角，四面均以五彩花窗装嵌，木雕檐楣，清雅瑰丽。泮溪美食中的点心象形名震中外，以罗坤为主的师傅们运用食品拼盘的方法，给点心伴以象形的图案和花边，使点心突破了一贯只作为茶点的传统而登上筵席，成为了名副其实的"点心筵席"，并逐步为全国饮食界所采用。泮溪酒家作为广府茶楼风情代表，先后接待了英国首相希思、澳大利亚总理弗雷泽、越南国家主席胡志明、联合国秘书长瓦尔德海姆、新加坡总理李光耀、美国总统老布什、国务卿基辛格以及中国老一辈领导人朱德、李先念、叶剑英、陈毅等。泮溪酒家有八大名点被广州市人民政府命名为广式名点，它们是：绿茵白兔饺、像生雪梨果、鹌鹑千层酥、蜂巢蛋黄角、生炸灌汤包、晶莹明虾角、泮塘马蹄糕、清香荷叶角。

每当我痛感西关广式小食今不如昔时，我总会为广府烹技的传承而伤感。西关艇仔粥、云吞面的行家里手最小的也已八九十岁了，儿女大多不愿承托起父辈用一生的手工烹技经验创立的家业，广府小食的手作功夫正面临失传的危机。我之所以详尽地记叙制作工艺的操作流程，就是试图不让靠口耳相传，手把手教的技术失传。

现代厨师很多都喜欢使用高精尖的现代化厨具和流水线的方式作业，以为只有高科技才能造出气焰高昂的美食，殊不知人间的美味，大多还潜藏在祖传的典藏中，由个性化的厨师凭借经验和手工技术去操作，才是美味的保证。就像涮羊肉，今天，烧炭的黄铜火炉没有了，取而代之的是一具小铁盘，底下是电热板，可自动调温，看似智能，其实水温会忽高忽低，十分不平均，要是你刚放一片肉就碰到它降温，这羊肉就成泡肉了。

今天，西关的云吞面已经不用骨签包馅一签三摺了，上汤也不再用大地鱼熬了，许多西关传统小食的味道已不再令我产生激情，更不会令我感到痴迷，但我仍然爱去西关，我希望西关新一代的厨务工作者善用综合系统的审美方法，在传统和时尚的荟萃交织中独往独行。而广东人也不会甘于把美味贬低为舌尖上的玩物和胶囊中的消化物，除了吃饱吃足还要心悦诚服。我相信近百年西关的饮食习惯和广东人对传统小吃要求的苛刻，也是我们现代人高品质生活中的一个不可或缺的元素，相信该元素最终将成为西关小食重现光彩的文化动力。

第九章　"早茶"
——城市休闲文化的奇葩

广东饮早茶的经营方式由于知名度高，不少城市也仿照这一方式建立了不少茶馆、茶楼和饭馆，专门开放早茶市。但由于没有早茶的文化土壤，其结果不是走味变调，就是不满周岁就夭折。这表明，早茶这种社会生态，只能根植在广东特有的生活方式中。如我在开篇所述，广东餐饮业长期实行五市（早茶、午饭、下午茶、晚饭、夜宵），把早茶、下午茶和夜宵各当作"一市"来经营，在全国的酒楼中是绝无仅有的。外邦的早茶是卖早点，而广东的早茶是一种生活方式。

广东人向来从容不迫，他们习惯于全民性、平民性的生活方式，所以不追求奢华，喜欢慢生活，"辛苦挣来自在叹（享）"，重汤、喜粥、好茶。饮早茶是广东生活方式的代表，一见面，人们的问候语往往是："饮咗茶未？"道别的客气话也往往是："得闲一齐饮茶。"打工一族日常的生活理想也往往表现在"饮番餐茶先"（喝一次茶再说），放眼广东，特别是广府地区，每天清晨，各式茶楼酒家，已是人声鼎沸。茶市里人们众生百态，谈生意、会朋友、亲戚团聚、老人悠闲。广东的早茶，始发于广州的二厘馆，最初是为劳苦大众提供歇脚的地方，一大碗茶，收费二厘，称为二厘馆，后来发展为有一两样点心供应的专供人们喝茶、休闲的地方即茶居（茶寮），最后发展成既能供饮茶又能供吃饭的茶楼，传统茶楼一般为两层，所以称楼，在广东，老字号的茶楼已所剩无几。

广东的早茶，是一种鲜活的城市生活，表现在：它是彰显城市生活方式的地域民俗；是领衔大众潮流的原生态文化形象；是人际交流和信息沟通的广阔平台；是繁衍着现代商业色彩的独特场所。

有人说，广东早茶在开放大潮中已演化为谈生意的交易所，多少沾了些铜臭味。但我始终觉得，在广东茶楼特有的温馨气氛中，谈生意，确实不隆重但又很正式，这是时代色彩，更是广东人务实心态的生动例证。广东茶市不是有些人追求品茗所必需的燃香弄琴、竹影攀窗的静室环境，它的本质就是一个"闹市"。但人们对它的钟情是因为有闹，才能赚人气，才能让人感受到人情味；只有闹，现代人才能在喧哗中减压，也只有闹，才能代表餐饮业欣欣向荣的大好状态。广东人外出散心，把闹作为喜爱、习惯的声音，这是很奇特的一种心态，也是热爱生活、积极生活的一种人生哲学。

早茶的 36 字诀

广式早茶有着浓厚的传统特色，我把它概括为：问位点茶、揭盖倒水、扣指茶礼、坐前叫卖、数碟埋单、先食后付、水滚茶靓、一盅两件、即点即蒸。

问位点茶，是服务员问你们有多少客、喝什么茶。旧式茶楼，早茶的品种常用的有铁观音、寿眉、红茶、乌龙、普洱茶、菊普（菊花和普洱）和水仙。今天普通酒楼已简化为铁观音、普洱和菊花三种，而且多为劣质茶叶，即使入座"茶道"，也喝不上好茶，只有到真正的茶艺馆喝上百元一道的茶才有品茗的味道。

揭盖蓄水，是指茶壶没水后要把壶盖揭开，再让服务员添水。传说有一富人到茶楼饮茶，让服务员给添水，服务员自然要揭开茶壶盖，富人竟然说他的茶壶里本来关着一只价值千金的画眉鸟，被服务员给放走了，坚持要茶楼老板赔偿他的损失。自从吃了这个亏后，老板就规定，凡是再有要添水的人，一定要自己揭开壶盖。此传说演化至今，顾客自揭壶盖变成为一个信号：壶中没水，请添加。

扣指茶礼，是指别人给你斟水时，你为表感谢，得把食指和中指弯曲起来轻轻敲打桌面几下，表示对倒茶者的谢意。这个做法据说也来自一个典故：有一年乾隆微服下江南，他有意扮成了仆人，既然是仆人，仆人给主人倒茶那是理所当然的事。但随从不敢受皇帝如此的大礼，按理随从应该跪拜接受赏赐，但怕暴露皇帝的身份，于是随从灵机一动，行扣茶礼代表跪拜礼，这个习俗也就沿用至今。

坐前叫卖，是一种销售方式。早年卖点心的没有小餐车，服务员用布带把大蒸笼吊在脖子上，沿位叫卖，是名副其实的"明档供应"。

数碟埋单，是结账时服务员通过数碟计出顾客消费金额，然后高叫数额让收银柜台收款。当时盛食物的盘碟，都代表着不同的价位，通过数碟，便可计出消费额。当时茶楼，只有一个门进出，而且面积不大，顾客都在可视范围内，所以服务员用"唱数"的方式叫出金额，很少有顾客"走单"，顾客大多自觉交款。

先食后付，"文革"后，北方许多省份都是先交款，后取食，而广东的早茶市，从创立之日一直到今时今日，都是先食后付，这种文明之风体现了广东人的商业智慧和自信。

水滚茶靓，广式早茶最早的盛水器皿是大铜壶，服务员将水房中的开水注入到铜壶中，水一定要滚，至沸腾，但在未到顾客面前加水泡茶之前，水温应保持在80～90℃之间，这种温度最适合泡铁观音和普洱。

一盅两件，传统的早茶一般用茶盅饮用，茶客点心一般是选两样，称为一盅两件，如一碗及第粥，一碟牛肉肠，一碟虾饺加一笼叉烧包。

即点即蒸。传统酒楼不需即点即蒸，因为点心基本固定，茶客基本固定，饮茶吃点心的时间也基本固定。"文革"以后，经济发展，社会繁荣，早茶供应的品种也大为增加，有烧卖类、糕品类、蒸包类、粥品类、粉面类、盅饭类和什食类，即点即蒸是为了让顾客各得其所，自由选择并保持广东餐饮鲜新的风格。

星期美点惊煞日本人

广东早茶供应的品种不下上百种，在海内外享有"星期美点"的美誉。20世纪20年代末至30年代初，广州的陆羽据茶楼为了适应广东人"三餐两茶"的生活习惯，为了更好地招徕顾客，率先推出星期美点，星期美点就是将一月更换一次菜点品种的期限缩短为一周，在此基础上，把茶市点心按一周7天计算，每天推出不同的招牌点心，做到一周天天换，日日有亮点。后来其他一些酒楼如福来居、金轮、陶陶居等名店竞相效仿，每周一次更换点心均以"五"个字命名，前后不许重复，如绿茵白兔饺子、鸡丝炸春卷等。这样一来，促使店家在变化品种花色上狠下工夫。广式点心也在这种比创意、斗技艺的氛围中茁壮成长。

大家熟知的20世纪70年代泮溪师傅"日日推陈出新，百款美食惊煞日本人"的故事，就是广式点心誉满海内外的例证。话说当年一日本代表团要泮溪为他们供应一周的早餐，每天十五款，不得重复。要求貌似很刁，但对在"星期美点"时期已研制出上千款广式点心的师傅来说只是小菜一碟。"星期美点"的创立，使广州厨师们引以为傲的创新之风吹遍南粤大地，并迅速开花结果，它所倡导的在务实中勇闯，在斗技中开创的精神，已成为广州厨师的美德，令全国同行敬佩。

"星期美点"作为广州酒楼标准型的广告语，曾一度被"港厨主理"、"生猛海鲜"所取代，今天没有多少人知道"星期美点"的出处了，但"星期美点"所蕴含的广州人"敢为天下先"的务实创新精神还在。

广东的早茶，如果从烹饪技法来分，主要有蒸、煮、煎、炸、烘五种制作法。

蒸：深受茶客喜爱的豉汁排骨、干蒸烧卖、鲜虾饺，是蒸的常见点心。它分生蒸、干蒸、带汁蒸、分层蒸四种蒸法。

煮：广东煮品一般多以柔软、鲜嫩和香脆的材料为主，汤多汁浓，味感独特。皮蛋瘦肉粥、鲜虾云吞面、萝卜焖牛腩都属于比较著名的煮品。

煎：煎的制作方式也有三种，干煎、焖煎和烹煎。煎品类茶点口感甘香，油而不腻，如香煎萝卜糕、香煎虾米肠、香煎裹蒸粽，至今还是广东早茶的主力军。

炸：炸品类茶点也颇受茶客欢迎，传统驰名炸品有南乳县煎饼、松软牛脷酥、金钩咸水角等。炸品的制法也有四种，分别为干炸、软炸、酥炸和西炸，炸品在广东茶市中以夜茶最为受欢迎。

烘：烘焙茶点在广式点心中有很多名点，如乳香鸡仔饼、酥皮菠萝包、岭南鸡蛋挞、松化甘露酥等，它们不仅成为早茶驰名点心，也是居家旅行、家中待客、会议茶饮中最受欢迎的点心。

从皮薄馅靓到简约清香

我们这里谈论的广东点心、粥粉面和小吃，准确来说，都是指广式的，这个广式的"广"不是指广东，而是指广府，因为客家地区和潮汕地区的点心、小吃，与广府风格有着较大差异，所以一般我们讲的"广式"不包括客家和潮汕。尽管我们经常饮早茶，但究竟广式的茶点、小吃有什么特点呢？广府人对此深入研究得不多，自然概括出来的经典性语言也不多，我这里尝试做一表述：

> 广府烧卖皮薄馅靓；
> 广府油器少油酥脆；
> 广府糕点甜而不腻；
> 广府粉面广味十足；
> 广府粥品极致绵长；
> 广府甜品简约清香。

广府烧卖皮薄馅靓——广府烧卖类的点心很多，如牛肉烧卖、干蒸烧卖、排骨烧卖、鲜虾饺等，其中最能代表一间酒楼点心水平的，首先就得看鲜虾饺的水平。鲜虾饺顾名思义，馅料用的是鲜虾肉，虾饺皮用澄面做成，很薄，呈半透明，馅料隐约可见，它像初升的月牙，外看朦胧，略带羞涩，外皮韧、虾仁爽、汁液香。虾饺不像北方饺子那样，厚实、憨厚，而是像一只小白兔，晶莹精致，美国"纽约时报"称广府虾饺从外观形态到食味品质都无可挑剔，是美食与艺术的完美结合。中国烹饪大师何世晃先生在他的《粤点七绝诗八十首》中曾经这样描述过广式虾饺："倒扇罗帏禅透衣"——用一葵扇整体的纹理形容饺皮褶皱之美态；"嫣红浅笑半韩痴"——用嫣红浅笑的少女比喻虾仁的鲜美姿态；"细尝顿感流香液"——道出虾饺之美味在于饺馅的汁液；"不枉岭南第一技"——肯定了虾饺为岭南第一美点的声誉。综观全诗，托物寄情，文采飞扬，把虾饺"皮薄馅靓，虾仁嫣红"的广式标准表达得生动传神。

广府油器少油酥脆——广府油炸点心（传统称为油器）虽然少油，但口感却很酥脆。我逢饮茶必点的油器是鸡丝炸春卷。今天广东油炸点心已经不多了，我们儿时喜爱的油香饼、牛脷酥、油条，今天已成为怀旧点心，在早茶的热销茶点中，炸春卷的受欢迎程度近乎达到"每台必点"。春卷并不是发源于广府，相传距今1600多年前的东晋时期，就用蔬菜、饼饵、果品、糖果等汇集一盘，取其迎春之意，俗称"春盘"。广府人对春盘进行改良，将鸡肉丝泡油后与冬菇等炒成馅，然后用薄饼造成圆筒形，蘸上脆浆，用中火炸至金黄色。广府春卷具备了广府油器色泽鲜明、质地松脆的共同特点，又加之有馅料鲜爽、汁液丰富的自身特色，一直是老少咸宜的"吃前怕热气，吃后返寻味"的风味点心。

广府糕点甜而不腻——最受妇女和儿童欢迎的广府糕点非泮塘马蹄糕莫属。泮塘马蹄糕创制于清朝同治年间广州西关泮塘乡一李姓的家族。20世纪40年代,李氏后人李文伦、李声铿合资在泮塘村口搭起一酒楼。开业第一天,李氏后人亲自蒸了两大盘马蹄糕,众人尝后大为叫好,从此,泮塘马蹄糕美名远扬。

我们经常听人说泮塘五秀,泮塘五秀是什么?就是莲藕、马蹄、菱角、慈菇、茭笋这五种水生植物。广州西关的泮塘乡就是因出产这五种植物而出名,当时,乡下人称之为瘦田下的农果,俗称"五瘦"。广东名人陈梦吉听后,认为"五瘦"不好,不如换一同音字,成为"五秀",从此,泮塘五秀就传开了,而泮塘的马蹄糕又因其细韧香滑而成为广州名牌点心之一。

传统的马蹄糕有两种,一种是清制,用片糖加马蹄粉蒸制,微带蔗糖的焦香。另一种是生磨马蹄和粉而蒸,名为"生磨马蹄糕"。现在的马蹄糕经过推陈出新,一反传统做法,先用白糖文火煮成金黄色糖浆,徐徐冲入马蹄粉浆中,边冲边搅拌,使之成为半熟的稀糊,然后再去蒸制,这样制出的马蹄糕晶莹剔透,特别爽口。有的酒楼按春夏秋冬的变化制作不同款式的马蹄糕,如春季制作桂花马蹄糕,夏季制作果汁马蹄糕,秋季制作芝麻马蹄糕,冬季制作蔗汁马蹄糕,都十分新颖可口。

广府粉面广味十足——最近翻阅了《中华饮食文

化》一书，里面谈到国人必知的 2300 个饮食常识，其中有一章就叫做"杂粮面点"，里面介绍了 19 种杂粮面点。作者把米制品的代表放到米线上，这多少说明了长期以来，中国的国食——饺子、馒头都是面制品。对米制品中的米粉，北方人知之甚少，即使讲到米制品，也只知粽子、米线，而对于河粉、米粉，不少人至今还是一无所知。感谢《舌尖上的中国》把沙河粉拍入镜头，使之在全国范围内得到广泛的传播。

作为古老的米制品食物，米粉在古烹饪书《食次》中就有记载，当时通称为粲。"粲"本意是精米，有精制餐食之意。《齐民要术》中也有粲的制作方法，先将大米磨成粉状，再加入水搅拌均匀后灌入底部的黔孔中，将流出的粉浆再倒入锅中，用膏油煮熟就成了米线。整个过程就是用精米磨成精粉，再用精粉制成精品，而河粉的制作与米线大致相同，不同在于米线是把粉浆用膏油煮熟，而河粉是把粉浆蒸熟。严格意义上说，它们首先都是米粉，但是在《中华饮食文化常识》一书中却说米粉形似米线，实际上它并不是米线，米线是以大米为主要原料，而米粉则是以红薯粉和土豆粉等为主要原料。在这里，作者的认识与我们南方完全不同，他们把我们称之为米粉的小吃叫做米线，而把我们称之为红薯粉、土豆粉制作的粉称为米粉。

当然，随着时间的推移和民情风俗的变迁，我们也不必太严格去区分米线和米粉了。至今，云南一带的米线被称为米线，其余的米线都被称为米粉。沙河粉就是米粉，是米粉中出色的代表。沙河粉是传承和发展后的米线，米粉也罢，米线也罢，都必须按古人讲的用靓水把精米磨成精米浆，再将精米浆制成精米粉。今天我们的沙河粉作为米粉中的精品，它包含的碳水化合物、维生素、矿物质及酵素都十分丰富，加之其柔韧嫩滑，深受食客的欢迎，有关专家学者应该为它正名。

　　沙河粉称为岭南美食，绝不是"粉"好那么简单。我们沙河粉中的"汤粉"誉满港澳，靠的是河粉、汤底和浇头这个铁三角。好的河粉自然要用山泉水，靓米磨出米浆，蒸好靓粉更要有好的汤底。街边卖河粉，用开水烫粉之后，一般都只用水做汤，因为上汤的成本高。汤的"高汤"和"低汤"之分，反映出完全不同的档次和人们对河粉的认识，用瑶柱火腿、猪骨、鸡胸熬的上汤也称为高汤，它味纯、味清，是靓河粉的忠实伴侣，没有了它，河粉就会索然无味。只有用高汤才能吊出河粉的粉香，使汤河清甜、丰润。至于浇头，对广东人来说非常重要，过去之所以流行吃斋粉，完全由于经济原因。浇头大多是牛肉、猪肉、牛腩、猪手、牛杂这些在广东最常见的食材，然而今天这些食材的价格也变得相当高，但聪明的广东人知道，你不要浇头，就没有汁，没有汁的河粉其食味自然是差了一大截。所以，今天很少人吃斋粉，炒粉吃斋的人多一些，但汤河没肉没汁，我们就很难领略到渗入粉中的那份美味。

随着时代的进步，广州"沙河粉村"连锁店出售的沙河粉更加精细化了，由于"浇头"味型的差异，他们把排骨的浇头配排骨汤底，牛腩的浇头配牛腩的汤底，但它的加工和现场操作，仍然要以技术作保障。人们常以为拌河粉要技术，殊不知制出好的炒粉、汤粉技术含量更大，炒粉不掌握要领（当然要看粉质），粉就会碎，汤粉烫得不到位就要么不入心，要么粉变绵。我们常说吃沙河粉、吃炒粉，粉在镬中抛见技术，吃汤粉在篱中抛见经验就是这个道理。今天，"粉师傅"已接近断层，但愿越来越多的人关注"粉师傅"技艺传承的问题。

　　广东粥品极致绵长——粥，是最物美价廉、清润养生的米类食品，有一首《南粤粥疗歌》生动描述了广东粥的保健作用："要想皮肤好，粥里加红枣；若要不失眠，煮粥添白莲；心虚气不足，粥加桂圆肉；消暑解暑毒，常食绿豆粥；乌黑又补肾，粥加核桃仁；梦多又健忘，粥里加蛋黄。"广东自古以来就有一日三餐不离粥的传统，早吃粥清肠胃，午吃粥配点心，晚吃粥助安眠。根据不同的季节，更换不同的口味，用不同的熬粥法做好各种粥品，也是广东快餐业激烈竞争的焦点。

　　广东粥品种类繁多，著名老火粥系列有猪骨粥、咸肉粥、柴鱼花生粥、菜干粥等；光受欢迎的生滚粥就有好几种，具体来说有皮蛋瘦肉粥、鱼片粥、滑鸡粥、及第粥以及艇仔粥等；讲究养生疗效的有去湿粥、驱尘的猪红粥、清热的竹蔗粥等，不一而足。其实，这些形形色色的粥品从烹饪技术上区分，无非两类：明火粥与非明火粥。粥用明火煮有着质的不同，会吃的人一致推崇，好粥需明火。因为只有用明火，才能慢慢熬煮出那层柔腻、胶稠的"粥油"，其滋补效果媲美参汤，真正体现出粥的养生价值，尤其是早上喝一碗明火粥，最能体会粥的妙处，能够一夜排空的胃得到最温和的滋养。明火白粥是物美价廉的养生品，但它的熬制一定要经过 90 分钟的时间才够火候，所谓"极致绵长"就是指明火粥那绵滑回甘、清淡飘香的状态。

在广东，状元及第粥可以说是粥品的代表作。广州的酒楼、早茶市在粥品类一栏，都会有一款状元及第粥，它是岭南地区最有名的粥品。所谓及第粥就是把肉丸、猪肝、猪肠粉三种用料放进粥里同"滚"，是岭南最有特色的"生滚粥"。

传说在清代，广州西关十二甫西有一芽菜巷，里面住着伦文叙一家。伦文叙从小聪明过人，被称为"神童"。但因家境贫寒，伦文叙七岁就上街卖菜。有一天，伦文叙挑着菜来到丛桂路一间卖粥的食店，肚子虽饿但无钱喝粥，只好直咽口水。店主张老三看到后招呼他过去说，以后你每天挑着菜到我这里，我买你的一些菜，再送你一碗粥，算是我的一点心意。伦文叙吃着粥，千恩万谢，从此，伦文叙天天来送菜，也天天来吃张老三的粥，有时吃的是白粥，有时吃肉丸粥，有时吃猪肠粉粥，有时吃猪肝粥，有时吃混有三种肉料的肉粥。

转眼过了几年，伦文叙的才学得到广东巡抚的赏识，资助他进了学堂，从此，也与张老三断了往来。

十年过去了，一天，张老三粥店前忽然人头攒动，官府衙役鸣锣开道："新科状元到！"张老三好奇地探出头来，只见轿中走下那新科状元竟然是伦文叙。张老三叫人杀鸡办酒席，不料伦文叙惦记着的是当年他吃过的粥，张老三照当年原样把猪肉丸、猪粉肠、猪肝三样东西放进粥里，伦文叙吃着粥觉得有滋有味，再三感谢张老三对他的帮助，并大笔一挥，写下了"状元及第粥"几个大字。从此，张老三的粥店名声大振，而"状元及第粥"这一由三种肉料拼成的肉粥也迅速流传开来，成为岭南地区著名的风味小吃。

米饭也能作美点

广东的早茶除了供应以上的点心和粥粉面外,还有许多小吃和杂食可供选择。在一个多元、开放的社会里,早茶的品种越来越多元化,传统的焗盅饭重归茶市,日常的饼食乔装打扮一番之后,也开始在茶市粉墨登场。

焗盅饭是用炖盅蒸出来的米饭,传统品种有牛肉葱菜饭、豉汁排骨饭和肉饼饭,这些焗盅饭店的卖点不在牛肉或排骨,而是"饭"。把"饭"作为酒楼美食的卖点,全国就属广东人有胆量。多少年来,广东人求温饱的饱,是指"食饱饭",但改革开放以来,人们从吃饱到吃精,吃好,吃出健康,吃出享受,对一日三餐的大米饭在早茶推出时,给它定出了"美点"的标准。

广州茶楼的焗盅饭特选优质大米,精心制作,在烹煮中精控糊化温度,使米粒延伸率、黏稠度、香甜味均达最佳状态,创造出米饭的至高境界,察之润泽光亮,闻之清香四溢,食之柔软可口,食后回味无穷,甘爽微甜,极有饭味。有人把它高度概括为"柔软、润泽、回甘、清香、真饭味",并把它确定为米饭的标准,从而确立"老广州米饭皇"的地位。在这里,广东首次提出了米饭皇的标准,也首次对米饭作为"美点"作了完美的包装。

广东人"有钱又有闲"的生活理念，逐步转变了早茶作为一种市民生活方式的内容，使早茶越来越商业化和时尚化，这也属正常。但当我们看到英式的下午茶几百年雷打不动的时候，心头总会一震。在英伦，当时钟敲响四下，世上的一切都为茶而停。英国的茶叶消耗量为世界的四分之一，英国不产茶叶，但竟可以用他人的茶叶，创造了自己的习俗；用他人的茶，创出了世界上叫得最响的茶品牌——立顿红茶，从而也创造了"民族的，也是世界的"神话。

对广东的早茶，谈论者有万万千，作为一个广东人，我已习惯了在沸水与茶叶的冲泡中所散发着的生命闲适与温馨。雾在升腾，茶也在升华，人的生命仿佛在此间融化，味醇厚而悠远，茶淡水清无味致味。越是闲适，我越告诫自己要珍惜生命，重视当下，平素浓浓的化不开的欲念和烦躁在早茶中慢慢清晰、渐渐淡化，广东人的早茶百年来就是这样在千百万人中演绎着不同的造化。

第十章　广东特色菜点的制作感悟

　　广东以经营粤菜为主的高档酒家，经营宗旨非常明确地告诉消费者，要为他们提供正宗的粤菜风味。我们以为，粤菜在其形成与发展阶段，主要吸收中原一带的烹调方法，宋元以后，广州外贸发达，海外食谱、食材与调味品随之传来，部分外国烹饪技术和调味品用料被吸纳到粤菜之中。因此，粤菜是一个在汇集本土美食的基础上，不断吸取各大菜系之精华，借鉴西方食谱之所长，融会贯通而自成一家的菜系。

黄埔蛋、荷包蛋的"两蛋"今昔

广州黄埔蛋不仅是广州名菜，也是广州厨师认为可以味似、但难以形似的菜肴。黄埔蛋的最大特点是嫩、滑、甘、香。炒蛋炒出甘香不太困难，但要像黄埔蛋那样，形似千层糕、一匹叠布，色泽鲜黄就很不容易。它的一般做法是在搅匀的鸡蛋中拌以白糖、精盐、胡椒粉等配料，特别是500克鸡蛋要加入150克油。烧红铁镬，浇入花生油，待油滚热时浇上一匙鸡蛋，待蛋半熟又浇入花生油，再浇上鸡蛋，蛋熟收火，起镬上碟。黄埔蛋烹技的关键在于两次浇油的时间把握和两次浇蛋后的时间把握，一切尽在几秒之间。根据火候在蛋半熟时随即又浇入花生油，真是说时迟那时快，如果再多出半秒时间，完全可以把半熟变成全熟，黄埔蛋的嫩滑口感也随之失去。黄埔蛋的精彩尤其表现在它的卖相上，上碟时像一匹叠布，又嫩又滑又薄，折叠起来像一匹绸锻，既具美感又获美味。

据说当年蒋介石在黄埔军校主政，一天正在校长室批阅文件。侍卫官要为他安排午饭，小心翼翼问他想吃什么，蒋介石很气愤地在桌上打了一拳，说了三个字："黄埔蛋。"黄埔蛋究竟是什么？侍卫官不敢再问，走去找炊事官商量，炊事官找当地人请教制法，但当地人却未听过有黄埔蛋这个小菜。于是炊事官便请了一位最擅长炒蛋的珠江游艇上的船娘严妈当厨师，只见严妈拿了两个长洲特有的软骨鸡下的鸡蛋，先加油、盐搅匀，烧了半锅油，用两个勺子在油中加热，然后把搅好的蛋汁放进勺子，快速地在两个勺子之间抛来抛去，务求蛋不沾锅。炒出来的蛋就像一匹黄澄澄的黄布（"黄埔"的谐音），厚薄均匀，层次分明，口感嫩滑甘香，相当特别，再撒下葱花火腿末上碟。蒋介石吃了赞不绝口，问是什么名堂。侍卫官说这就是你吩咐做的"黄埔蛋"。蒋介石笑说："我刚才是骂北方的军阀是王八蛋！你听错了。"就这样，一个误会为一道美味的菜式起了名字。

蒋介石对严妈的黄埔蛋百吃不厌，1936年，蒋介石重返广州时，还专程找到严妈为他炒黄埔蛋，即便去台湾地区后，在官邸晚宴中也必上黄埔蛋。蒋介石晚年经常牙痛，茶饭不思，这时黄埔蛋更成了他的必备品。

50年代，广东的厨娘都擅长将炒滑蛋炒成黄埔蛋。记得我们儿时放学回家，嚷着要妈妈煎荷包蛋，荷包蛋的诱人之处不在于煎至半生熟时特有的口感，而在于它可以一人一只。当年爹妈当家自知柴米贵，不可能按人头煎蛋，只好煎黄埔蛋，用3个蛋供5人食用，想用黄埔蛋的美味掩盖囊中羞涩。我们自然不知世情冷暖，常常吵着要荷包蛋不要黄埔蛋，母亲无奈，只好煎两只荷包蛋专供我们姐弟享用。鸡蛋从当年家庭的珍品食材到今日随手可拾的普通食品，生动地展示了中国经济50年的嬗变。进入老年了，让我永远不能忘怀的是母亲让我们特享荷包蛋的深情，让我不得其解的则是如今鸡蛋多了，为什么大妈们倒很难炒出当年的黄埔蛋了？

"浸出"粤式风味菜

浸，是粤菜十分擅长的一种技法，就是将水或汤烧开，直接投入食材后，转用小火微沸至食材浸热的烹调方法，这是处理白切鸡等浸鸡类粤菜的传统方法。这种烹调方法对火候的要求比较高，火大了，沸水会不断冲击鸡的表皮，影响食材美观，火小了又不利于鸡的浸透，浸得太久便老了，所以我们的师傅在关小火后，把水温控制在 $80 \sim 85$℃，也就是看上去似开非开的状态。浸时每 5 分钟将鸡提出一次，倒出腔内水，以保持鸡腔内外温度一致。浸鸡 20 分钟左右，以筷子能刺入鸡腿肉且没有血水流出为准，浸好的鸡捞出后迅速放入冷水中冷却，再挂在阴凉处晾干水分，这样可以增加鸡的爽滑度。

浸，是粤菜的拿手烹技。它要求厨师掌握好基本功，并把它运用到其他菜式的制作上。广东的厨师们秉承创新精神，将"浸"法用于更多的食材，做出带有粤味特色的风味菜，如高汤堂灼东星斑、丝瓜浸滑鸡、胡椒浸生蚝，这些浸菜越来越受顾客欢迎并逐步演变出亦汤亦羹的新菜系。

我十分欣赏我们的厨师也对粤菜的"拉油炒"的粤式烹技加以改良，把肉料经过拉油后再回锅加调味品处理，其优点是抛开了传统的肉料用芡汤加湿粉的单一调味，除保持菜品原有的嫩、爽、滑、脆、鲜以外，更注重突出肉料的香味。

聘用厨师的考题——炒牛河

可能许多人不知沙河粉,在民国时期已流行于港澳地区甚至欧美国家,做法也千奇百怪。

广州最早的茶馆叫二厘馆。在清代中后期,随着商业发展与人口集聚,广州出现了许多中下茶馆。这些茶馆不设座,过客立而饮之,最多者为王大吉凉茶,次之曰正气茅根水、罗浮山云雾茶,随后,这些初级茶馆发展为"二厘馆",因其供应茶水和一些简单的佐茶点心,如蛋散、煎堆、大肉包、炒米饼等廉价小食,茶价二厘,自行取食,食毕结账,深受市井百姓喜爱。在二厘馆经营时,也曾有沙河粉供应。

当然这些二厘馆有些到民国初就发展为"炒粉馆"。当时,这些炒粉馆炒的是斋河,没有半片肉,但用芽菜去炒,又叫芽菜炒沙河粉,价钱大概在三分六(半毫)左右,虽然炒斋河卖不出好价钱,但这个炒斋河要求技术很高,首先要把粉炒得不会片碎,而且要香滑,绿豆芽菜也要炒得爽口,不能过熟,更不能"卸水",但如果过生,就会有豆青气味。所以,炒沙河粉也是一门很高的技艺,它是广东小炒的杰出代表——够"镬气"。

当年在西关,乐善戏院附近的"何荼记",大来、泰来、大和、龙津路之百德百昌等"二厘馆"的"鼓椒牛河"、"虾酱牛河"就吸引了不少豪门富户的食客。

如今，香港地区以至北美、西欧等国卖粤式肴点的食肆，"干炒牛河"炒得好的，都是师承当年炒粉馆的"兜乱"炒法，即先下牛肉，后下河粉，边炒边抛（锅），故河粉不会变碎片，味道与镬气都十分吸引人。当年的海外华人还总结出优质沙河粉的标准：炒粉的辅料以丝状为宜，炒得不干不湿，亦干亦湿，均匀入味而不碎烂，并把它作为雇佣厨师的考题之一。

"满坛香"堪比"佛跳墙"

"佛跳墙"是国宴名菜，又是首席闽菜，传说清代同治年间福建布政司的家厨郑春发擅长做带有绍酒醇香的美馔。后来他开了家餐馆叫"聚春园"，云集了闽南的文人雅士，他们在品尝美馔时大发诗兴，不亦乐乎。有一次众诗家聚餐，由郑春发亲自主厨，他将精美菜肴故意一股脑儿装入绍酒坛中，连坛一起抬上餐桌，当众文人一起举筷时，郑春发刚刚掀开坛盖，但觉一股浓香喷薄而出。其中一位诗人顺口吟道："启坛荤香飘四邻，佛闻弃禅跳墙来。"众口一致赞为好诗，"佛跳墙"的声名自此传遍大江南北。

在广东，"佛跳墙"一直作为上等美馔，用海参、鲍鱼、花胶、花菇为主料。广州某餐馆推出迷你冬瓜盅的佛跳墙可视为新派粤菜。它把"坛"改为迷你冬瓜盅，除了海参、花胶不变外，鲍鱼自然由鲜鲍取代，而花菇也为流行的杂菌代替，但由于没有了陈年绍酒，自然就清香有余，醇香不足。

其实，广州有一道名菜，称为"满坛香"。它是秋冬季节最受广州市民喜爱的粤菜名品，集鸡、鸭、鹅、猪肉、鱼肚及海味不下十几种原料于一坛，然后煲煮而食，再加入绍酒和多种调味品后，鲜香无比，风味独特。虽用料不及"佛跳墙"高档，但其食味绝对堪称"绝味"。当年许多老字号酒家以其为招牌菜，"满坛香"逐渐成为粤菜大菜的突出代表，而致口碑流传："闽有佛跳墙，粤有满坛香。"

至于近年在广州流行的"一品锅"被视为满坛香，实际是清乾嘉时，负责淮河水务的"河厅"创制的美食。虽然用料与满坛香无大差异，但一品锅必是"白汤"，必须用京沪烹饪手法，用文火慢慢煨成，制成上桌时，绍菜垫底，鸡、鸭、猪火腿相对如太极图，外围绕一只鸡蛋，属辉煌巨制。且"一品锅"必用陶瓷器皿盛之，取"位至一品"之意。广州冬天，"一品锅"随处可见，既有作一个菜肴的一品锅，也有作边炉打的"一品锅"，可见粤菜求新善变之风。

数十年前，民风淳朴，我常随晚辈到广州老字号酒家吃"一品锅"，跑堂的老师傅（今天已无此类服务员）向我们详尽介绍"一品锅"的内容，包括下何种档次的鱼肚，多少分量的虾米，在菜单中都写得清清楚楚，首先解决了食材的量化标准，在充分透明的氛围中凸显经营者的诚信。

在菜谱中公示食材的质量和斤两，这种因诚信而自信的美德不多见了。顾客口味的变化固然会使品牌的吸引力减弱，垂死的品牌可以因某种元素的突然流行而得以重生。我们经常抱怨消费者对品牌忠诚度下降，殊不知世上只有忠诚的企业，没有忠诚的顾客，老品牌面临的最大挑战是老顾客的不忠诚。北京同仁堂一句"童叟无欺"的口号，可以成为百多年来企业品质一致性的保证。我期盼我们的顾客能在企业的诚信中重新找到自己的归属，在选择中体现忠诚，共同构筑新时代的诚信文明。

油泡鲗腩须"横纹切件"

油泡鲗腩是传统广州名菜，20世纪中叶，广州十三行的利口福饭店制作的"油泡鲗腩"极为出名。近年来，油泡鲗腩又重新成为羊城各酒楼的新宠，其风头一度盖过传统的"蒜子炆鲗鱼"。

鲗鱼是珠江三角洲的著名河鲜，尤以西江鲗最为有名，在广东讲到内河河鲜，知名度最高的就数西江鲗。擅长做河鲜的顺德名厨把风头最劲的凤城美食带出广州，其中"蒜子炆鲗鱼"就是顺德大厨的绝技。鲗鱼的烹路很广，既可蒸、焖，也可煎、焗，蒜子炆鲗鱼确实香鲜、软滑、蒜香浓郁，但食得"招积"（满意）的广州人在蒜炆鲗鱼的基础上，把各类的鲗腩通过油泡，更突出其鲜滑，创造了粤菜油浸河鲜的技法。

制作"油泡鲗腩"，宰杀鲗鱼时不能直刀开肚取内脏，因为鲗腩要横纹切件，开肚会破坏鲗腩的刀工形状，所以要用刀从肛门切起，然后沿两侧紧贴鱼背将鲗腩完整取出，再去除内脏。广府菜的油泡与油浸在河鲜烹制中也是有区别的。油浸是在烧锅下油后加热至150℃左右，端离火位随即下鱼。浸烫到刚好熟即可装盘，在鱼身上撒上葱丝、姜丝、淋沸油。而油泡鲗鱼则要在猛火起锅下油后将鲗腩拉油到八成熟，倒出油再烧锅下油，加汤少许，湿粉勾芡，上碟后撒上火腿蓉和大地鱼末。油浸突出的是河鲜的嫩滑和鲜香，油泡突出的是河鲜的爽甜和丰腴，但两者都镬气香浓，极具广州小炒熟而不老、润而不泻（芡汁不泻水）的特点。

广式烤乳猪的"三板斧"

烤乳猪是广州十大名菜之一，早在西周时代就被列为"八珍"之一，那时称为"炮豚"，后来在《齐民要术》中形容烤乳猪"色同琥珀，又类真金，入口则消，壮若凌雪，含浆膏润，特异凡常也"。清康熙时代，曾被选作宫廷名菜，成为"满汉全席"中的主要菜肴，烤乳猪看起来红光油亮，吃起来皮脆肉嫩，特别是"鸿运当头"的意头，使它成为今天粤菜筵席中不可或缺的领军菜品。

传说在远古时代，人类靠狩猎为生，一个叫火帝的少年在父辈打猎期间在家中饲养"猪仔"。一日，火帝在自娱自乐中用两块石头碰撞，结果迸出刺眼火花，一下把猪圈的干柴点着。半小时后，大火熄灭了，猪仔也烧死了，但被烧烤过的猪仔散发出醉人的芳香，令火帝垂涎，火帝和他的父母挡不住诱惑，开禁狂吃烤猪仔肉，结果被首领获知处以极刑。但从此以后，在华夏民族繁衍生息的地方开启了熟食的民风，烤乳猪也作为华夏开天辟地的美味菜肴流传至今。

烤乳猪从中原大地传到南粤后，粤菜厨师用木炭为燃料经过精心改良，使广式烤乳猪变得风味独特，技法一流，逐渐成为烤乳猪的经典。广东厨师为了使乳猪甘香，创造了腌制的"三板斧"。一是香料涂腔，即用优质香料涂抹乳猪内脏；二是糖水淋身，即用冰糖化成糖水浇匀。三是在烧烤时，采用"三步烤"，先是全猪小火烧15分钟，然后把头臂烤10分钟，用花生油涂遍猪皮后烤猪身30分钟。

广式烤乳猪除了烤工了得，上碟时刀工也是绝技。师傅把全猪在耳朵下边脊背部和尾部脊背处各横切一刀，分成两片，在每片中线又各直切一刀成四条，用刀分别将皮片去，每条切成8块共32块上碟。传统烤乳猪靠的是把猪皮烧成鲜艳的大红色令人心动，今天为了搞气氛，不少酒楼在乳猪头上安装电池，用两粒红灯泡做眼，不仅造成了污染，而且人为的装饰，反而使烤乳猪天然的靓丽变得不伦不类。在创新的年代，我们既不要为正宗的框架所捆绑，也不能违背厨理任意妄为，我们的经营者终将懂得，一间享有盛誉的餐厅，不仅在于它别致的思维、独特的文化、合理的价格，更在于它的精工制作，要给顾客留下永远难忘的印记，要让美食具有超越时代的永恒性……

好翅不放醋

20世纪30年代，广州大三元酒家的拿手好菜是"红烧大裙翅"。一代名厨吴銮，绰号"矮仔佬"，烹制鱼翅手艺精绝。无论煲翅、煨翅还是烤翅，他都有烹调秘籍。他烹好的鱼翅，食客用筷子挑起来时，每一条的两端都能自然下垂合拢，变成一个椭圆形。而一般厨师烹制的不是黏成一块便是合不拢。吴銮烹制的"红烧大裙翅"总能带给食客一种韧中带脆、味鲜不腻的最佳口感，也就是"三够"：够糯、够软、够滑，味道浓鲜。

凡硬而爽的鱼翅，是烹调不达标的鱼翅，有些厨师在煲翅时，用生水去煮，由于生水是硬水，含有矿物质，翅身即使煲至极够火候极柔软，吃起来仍然爽口而不软糯。吴銮的秘籍就是坚持用软水"出水"。因此，鱼翅的灰味和腥味在五六个小时的"出水"过程中被漂净，吃时仅保持了浓鲜的感觉而绝不含"灰"、不含"腥"。

吃翅加浙醋，本义是为了辟"灰"去腥，优质的翅根本无须加浙醋以掩盖翅的鲜新。有人吃翅，见有醋拌上，以为加醋是时髦，就像吃生蚝加柠檬汁一样，其实，此举是未悟出"食道"的幼稚行为，倒是做得好的翅必有黏性，吃翅时伴上几根炒绿豆芽倒是可以中和舌头太软滑带微黏的感觉。过去在大三元吃翅后，侍者会递上湿毛巾，是请你抹去唇边翅的黏胶。反观今天大部分酒家做翅不得要领，而翅没有黏性，加绿豆芽和递湿毛巾抹嘴已属多余，而带有灰味的翅需用浙醋去掩盖，这样的翅不吃也罢！

瓜软烂，汤香醇的"八宝冬瓜盅"

冬瓜盅始于清朝。当时，每年夏令季节，皇室都要吃些既有营养又有清凉解渴作用的菜肴。清宫御厨便将大西瓜切去上盖一片，挖去瓜瓤，用鸡汤、鸡丁、干贝、鸭肫、精肉丁、火腿丁、冬菇丁等原料，蒸制成"西瓜盅"，汤清味鲜。清宫皇帝和大臣都十分喜好，后来随着清宫官吏夏令出访，随身厨师也做此菜，因而流传各地。

广州地区首先用冬瓜加鸡汤鸡肉和山珍食物外加瑶柱、虾仁作为"八宝"，并用夜来香花插在冬瓜的圆口上，吃时阵阵香味扑鼻。"夜香冬瓜盅"很快扬名各地。时至今日，冬瓜盅的主料慢慢沉淀为相对稳定的八种，即鸭肉、烤鸭肉、虾仁、干贝、鲜莲、鲜菇、瘦猪肉、鸭肫。自民国时起，冬瓜盅入选广州十大名菜，虽然夜来香没有了，"八宝"的内容也有变化，但"八宝冬瓜盅"的风味基本不变，使用烤鸭肉，并用鸭肫、鲜菇入汤，这是冬瓜盅的一大特色，也是广州夏令汤羹的主料，绝对不能丢弃。当然，在炖汤过程中，正宗的冬瓜盅也十分讲究，先煮和后下，掌握好火候和水量。优质的冬瓜盅必定是瓜软烂、肉鲜滑、汤香醇，汤水碧绿，外表美观。

菜式因时而异，烹法容许创新，但粤菜烹调所含的科学标准和传统技法都不能篡改，如瓦罐煲饭，传统广东煲都系本地烧制的粗瓦罐，一换了陶货，如细密的日式砂锅，风味便大异其趣。最明显的是锅底饭焦，因透过毛细孔的热力不同，香脆程度便有很大差距。又如粤式传统火锅，锅底十分清淡，甚至时兴清水锅底，几片生姜，几条长葱，一切原汁原味，蔬菜只限于生菜、津白，味碟只有豉油、熟油、姜葱腐乳。综观今日千奇百怪的杂味火锅，所有食材均可作火锅原料，所有酱料都可蘸肉、蘸菜。桌面杯盘狼藉，锅内杂烩翻滚。此时，我们不能不怀念那世界风行的法式牛肉火锅：用小酒精炉热着橄榄油，用长铁叉挑着牛柳粒灼食，清洁，悠悠。

广州鸭菜名肴多

中国人吃鸭虽有 4000 多年的历史，但鸭的地位一直不如鸡。古时北方吃鸭也不如南方多，但自宋朝以后，鸭的地位有所改善，中原一带吃鸭的数量明显增多。达官贵人的膳食安排中，有鸭脯、莲花鸭等鸭菜，到清朝时，除了北京的烤鸭外，南京的盐水鸭和南京板鸭也都久负盛名，南京板鸭甚至获得"六朝风味、六门佳品"的美誉。

自明清以后，广州的鸭菜也逐渐兴盛。广州人认为鸭肉富含蛋白质脂肪、多种维生素和微量元素，对血晕头疼、肺热咳嗽、肾炎水肿都有很好的调理作用。特别是加上陈皮更能有理气、健胃、燥湿化痰的作用。因此，鸭尽管可以蒸、烤、卤、酱、炸，也可炒、爆、焖、煎、扒，但最为广州市民首肯的竟是陈皮炖大鸭，并在近百年中一直入选广州十大名菜。陈皮炖大鸭的秘籍在于整鸭涂上老抽，用热油将鸭炸至大红色取出，用沸水滚去油分，陈皮洗净浸软与鸭入炖盅同炖，此法操作简单，进入市民家庭后一度风行珠三角。

广州人讲养生重食疗，开一代国人的先河，在陈皮炖大鸭的基础上，广州人研发了"八宝炖全鸭"。所谓八宝，即把白果、百合、鲜栗、莲子、冬菇、茨实、薏米等平补脾胃之品炒匀做馅，并把鸭身上用铁针扎小孔，武火烧锅下油，将全鸭落锅爆过，取出后置于炖盆内，炖焾后将全鸭用碟盛起与鸭汤同上席。广府菜中"炖鸭"的神来之笔，是"打结"、"打孔"、"锅爆"和"炖焾"，其中用头颈皮穿过鸭翼打结和铁针扎小孔，虽已不为年轻人所知，但老广州人对此津津乐道，把它作为广式炖鸭之骄傲。

八宝炖鸭因为是先炸后炖，味鲜嫩滑、香浓软糯，加上祛湿利水、滋阴养胃，在广州酒楼食肆广受欢迎。各种炖法虽然存异，但香味浓、肉软烂，始终是广州炖鸭之妙处，在广州名肴中一直占有相当地位。

入行以后，我慢慢学会了浓浓的味要浅浅地尝，厚重的东西一定要煨入心又要慢慢地品。广府的炖鸭菜，相对于清淡的追求，它的口味是浓重的，但一经我们浅浅地尝，轻缓地品，它又有别于北方菜的厚重。好味是调出来的，这在川菜中得到最好的印证，尝过川菜的人，最欣赏的是川菜的复合调味中的层次。川菜有八味：鱼香、酸辣、椒麻、怪味、麻辣、红油、姜汁、家常。但同是麻辣的水煮肉片和麻婆豆腐，其口味就各有千秋。在同是"辣"的菜式中，由于有使用油辣椒、泡辣椒、干辣椒、辣椒粉之别，所以有辣得叫人撕心裂肺的畅快，也有辣而不躁、辣而不烈的舒适。在八味当中，怪味的风味更加独特，它融咸、甜、麻、辣、酸、鲜、香为一体，所包含的十多种味料互相配合，互相补充，组合成和谐的味中味。也可能正因为如此，川菜才获得"一菜一格，百菜百味"的美名。

川菜主要通过味去调味，而粤菜则是通过食材与食材之间的搭配，然后通过烹法出好味，烹调法中的扒，最早期粤菜是没有的。后来，粤菜从鲁菜中移植了扒，鲁菜的扒一般是将原料调味后，烤至酥烂，再推芡打明油上碟，表现为清扒，移植到粤菜的扒，不是烤至酥烂，而是煲（或蒸）烤至烂，然后再与其他食材一起成为"有料扒"。如八珍扒大鸭、鸡丝扒肉脯等。通过料与料之间的味道互相渗透，后再调味。比起北方的清扒，味道要厚实很多。

　　说到川菜的以味调味，粤菜对某些香料的使用绝不如川菜。对八角、茴香、花椒、桂皮的使用如果说粤菜也有心得，那么对丁香这种有浓烈香味的香料的使用，东南亚大厨才是高手。丁香的激烈使它难以与其他香料调和，变得温良，但它也只有与其他香料配着用，才能凸显它的甜馥。在许多常见美食中，它更是香的主宰，五香豆干、怪味瓜子，如果没有丁香，顿时会失去芳香的惹人风味，自然就不会有抓不离手、食不离口的狂相。可能因为老了，我不太喜欢色彩的熟艳和肉感，对口味也如此。素中见艳才尤其迷人，无味必淡，大味至淡，汤清如茶，这应该不仅是我的喜好，也是粤人甚至是国人的共同追求。

后记 "食在广州八大怪"随想

　　有一首民谣，叫"食在广州八大怪"，把广东的美食特色表达得生动、淋漓。民谣道：

> 蛇虫鼠蚁都做菜；
>
> 骨头比肉还矜贵；
>
> 不鲜不活不肯买；
>
> 炒好的菜还能栽；
>
> 饮茶都有点心卖；
>
> 稀饭和肉混一块；
>
> 满街凉茶当药卖；
>
> 吃饭先把汤端来。

　　"蛇虫鼠蚁都做菜。"广东食材选料广博、奇杂。在注重环保、保护生态的前提下，广东人默默地用饱尝美食去增添生活的情趣。"春有百花秋有月，若无美食不着色"，那真个叫进入禅的境界："莲花不着水，日月不住空。"在不择食不偏执的食风中，广东人更能舒解束缚，与自然素朴的禅意更加接近。

"骨头比肉还矜贵。"在今天中国的餐桌上例证颇多。想当年，大概是20世纪80年代中，一个美国太太在一次粤式自助餐中翻开一个不锈钢食鼎，当场昏了过去。原来是器皿中放了满满一盘卤水凤爪，在美国，鸡爪之类是废弃的，但在广东，它却是深受欢迎的美食。排骨比猪肉贵，大鱼头比鱼肉贵，以致延伸到内脏，猪腰子（肾）、猪心比猪肉更受欢迎，而牛杂在早茶中作为极品成为价格昂贵的点心。广东人认为动物的特殊部位都会有其独特的味道，它们是动物中最迷人的部分，对食材，要全面利用、创新开发。广东人对动物各部分的物尽其用，是因为他们把烹饪艺术看做是人物认同的溶剂，动物制造着人体的能量，人类应该珍惜动物的奉献。

人们饮食的深层目的就是净化人格，延长寿命。从广东人对动物骨头的开掘和对反季节速生性原料的厌恶，我们欣慰地看到，在烹饪艺术异化、雅食衰落、快餐盛行的时代，在广东还有着一股保护饮食资源的力量在成长，为了保护人类的食品，他们不仅致力于食品品种数量的扩张，还为食品的优质和完美尽心尽力。

"不鲜不活不肯买。"粤菜味道最大的特点是唯鲜味、求清新，喜鲜厌陈，追求清新、自然、本源的鲜味之美。粤菜滋味以鲜为先。调鲜是调味的最高境界，尝鲜是品美的最美享受。在广东大地，厨师们都爱选用新鲜的原料，在烹饪中懂得控制火候，避免过度加热去保鲜，菜之至味在鲜，而鲜之至味又在初熟离釜之片刻，厨师保鲜创鲜之功力，使粤菜始终奏鸣出"新鲜"的乐章。

"炒好的菜还能栽。"粤式小炒讲究急攻速炒，猛火下茨，耗时不过五分钟。菜远炒牛肉是粤式经典小炒，正是抓住"急攻"二字，先猛火热锅下油，把菜远炒至八成熟，下蒜蓉、姜片略炒，即用茨汁勾茨，上碟，此过程完成，菜远（菜心之精妙处）处于刚熟的状态，看上去则油光发亮、碧绿如生。粤菜强调菜蔬要有鲜嫩的口感，嫩就是要质感细腻，不要让高温破坏了植物纤维，正符合餐饮走向绿色环保的清新方向。粤式小炒的急攻烹调，实质上是坚持本味主义的原味烹饪，它虽然简约，但这种追求清新淡雅的烹调，也属于烹调的一种高贵形式。

"饮茶却有点心卖。"广东的饮早茶早已不是传统的品茶，而成了广东茶楼的一道亮丽的风景——开设早市。这在全国的酒楼是绝无仅有的。广东习惯把早市的饮茶称为茶市，大酒楼把吃早餐作为一市，与午市、晚市的饭市并驱，实行"三市"经营，饮早茶只是一个经营时段的符号。既然是酒楼的一市，当然不能光饮茶，没点心；既然是吃早餐，当然也不能光饮茶不吃餐。饮早茶在广东作为市井生活的重要形式，早已突破了饮茶、吃早餐的原意。在人们的感情具有强烈隔离性的时代，"饮早茶"成了广东市民重要的实时感情沟通方式，它作为人际关系、家庭伦理、男女情感交流、调适的平台，人们在茶市里找到了对抗生活苦闷的武器，它会使人愉悦、振奋，用微笑对待生活，正是偷得浮生半日闲，烦恼痛苦烟消云散。

"稀饭和肉混一块。"北方的稀饭是纯粹的米水混合，米一旦成饭，没水的叫干饭，有水的叫稀饭，当然饭就是饭，无论干稀，它都不应放肉，一旦稀饭加了豆类，它就不叫稀饭，叫粥，如八宝粥。广东惯称稀饭为粥，自有它的历史脉络和人文风情，这里不作细表。广东的生滚粥喜欢与肉同滚，而老火粥也习惯用肉去熬（咸骨粥、柴鱼），介于滚与熬之间的砂锅粥则用煲的烹法使各类食材各适其适。文无定法，粥无荤素，今天在广东大受欢迎的是瑶柱白果粥。广东的肉粥在外邦看来是一怪，但它也不过是地域风情的一种习俗。现代人的口味在变，从肉粥到养生粥，广州人对传统的艇仔粥、及第粥等肉粥的追捧也已渐行渐远。外国人大多把食材当做物质去认知，中国人往往觉得食材能说明物质的客观素质，所以，对粥里放些什么或者叫什么粥会有一种精神暗示，很讲究粥品的档次品味。于是乎，用依云矿泉水、千年贡米熬成的帝王粥百元一鼎也常常供不应求，就不足为怪了。

"满街凉茶当药卖。"在广东，凉茶铺多过米铺，是因为广东湿热的气候特征需要用凉茶泻火、清热、排毒。餐饮两字的含义，是指有餐必有饮，广东人在饮中抓住饮汤和饮凉茶这两大内容，吃饭必有汤，宴席必配凉茶，其饮食的科学性得到充分的肯定。广东的筵席从饮可乐和雪碧到饮子母奶和红牛，到今天饮各式凉茶，倡导了餐桌上健康、俭朴的新风尚。广东的凉茶加多宝、王老吉更是风行全国，成为青少年喜爱的饮品。广东凉茶从广东走向全国，不为僵化的规条所捆绑的朝气和活力告诉我们，任何国家、地域的餐饮，只有做到满足口欲、营养强身，又能滋育心灵、经世济民，才是健康的、有生命力的餐饮。烹饪技术也一样，任何美食只有给人以舌尖、视觉、触觉和心灵的满足才能算是完美、高雅的技术操作。

"吃饭先把汤端来。"过去广东人饭前先上汤，但营养学家说饭前吃水果更健康，于是上汤的程序改了，但这丝毫不影响广东人天天喝汤的执著。"宁可食无肉，不可饭无汤"固然是习俗，但"饭前喝汤，苗条健康"却是无数广东人实践的硕果。

广东的"老火靓汤"作为一个主题概念，正以其非凡的感染力冲击着中国大地。广东汤有一滚二炖三老火的说法，即滚汤粗、炖汤精、老火靓汤是主角。谦逊有礼的茶水，温情脉脉的汤水，细腻绵长的粥水体现着广东人谦和、亲情兼容的特质。水是流动的，广东人偏爱餐饮中的"三水"，暗喻着这片土地上不腐不败的生机。

当我们谈论舌尖上的广东的时候，我们面对的不是一般的地域饮食文化问题，而是一个极为驳杂的文化系统。后现代、地域性的饮食文化不再纯粹。广东菜系作为清淡的代表，从清炒、清蒸到白粥、白灼，无处不体现其清淡的特质。清即素、清即简、清即原味，而淡是至味，它不浓厚、不极端，但具有一切可能性。这种鲜明的地域特色，有悠久的生存历史，也有继续发展的空间，它有自己特异的个性，但同时具有融于中国和世界的共同性。我们喜爱它、尊重它，但无意推崇它，也无需超越它。作为粤菜自身，相信它要向广大公众表达的也仅此是一个心愿：做最优秀的自己。